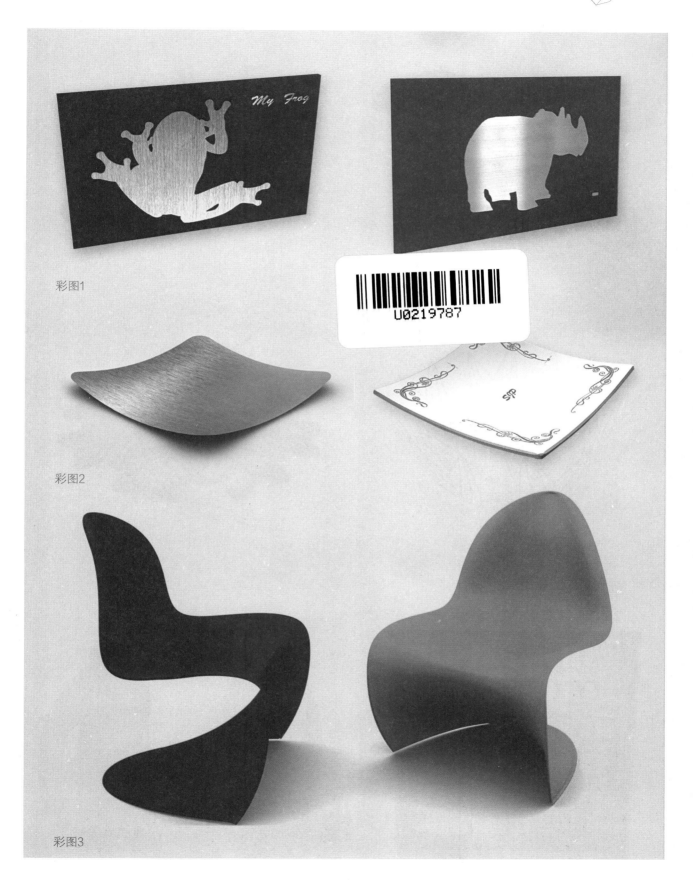

彩图1

彩图2

彩图3

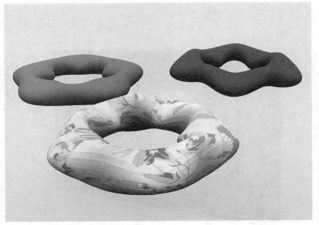

彩图4

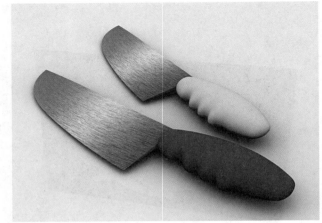

彩图5

彩图6

彩图7

彩图8

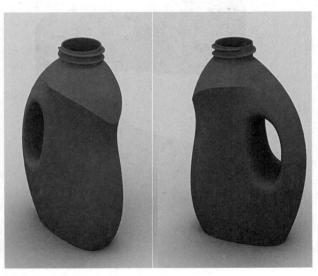

彩图9

彩图10

彩图11

彩图12

彩图13

彩图14

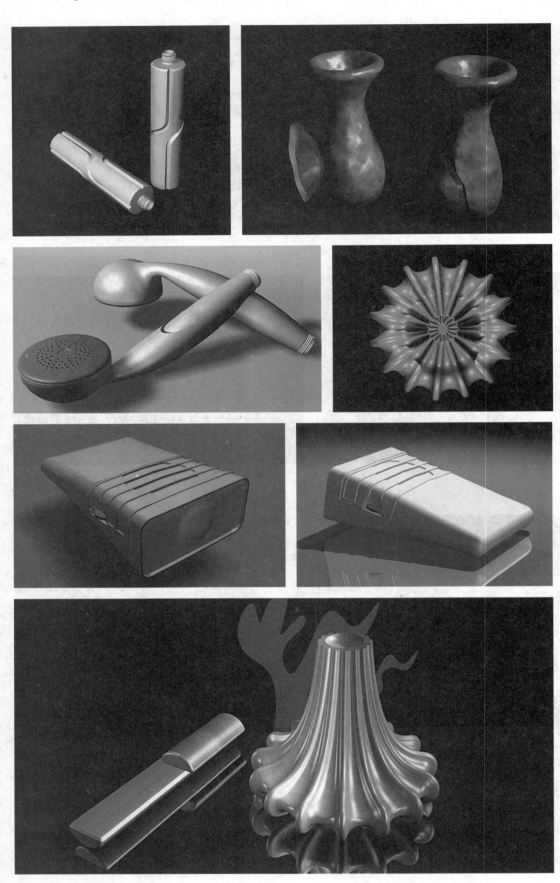

彩图15-21

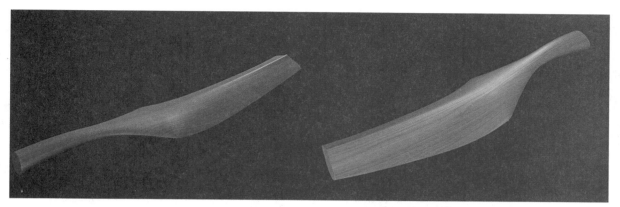

彩图22

彩图23

彩图24

彩图25

彩图26

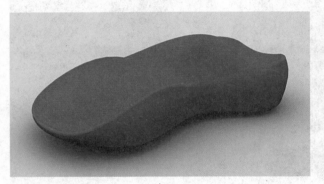

彩图27

彩图28

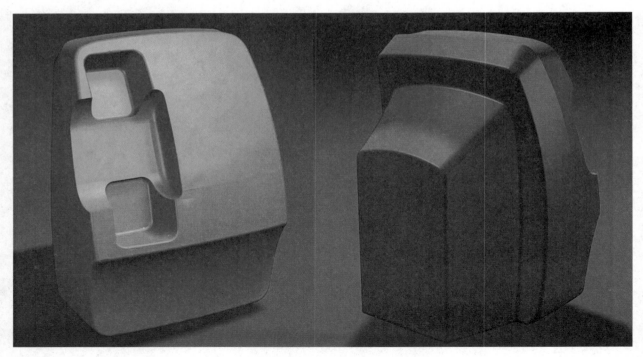

彩图29

彩图30

彩图31

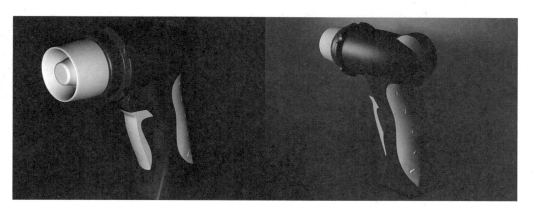
彩图32

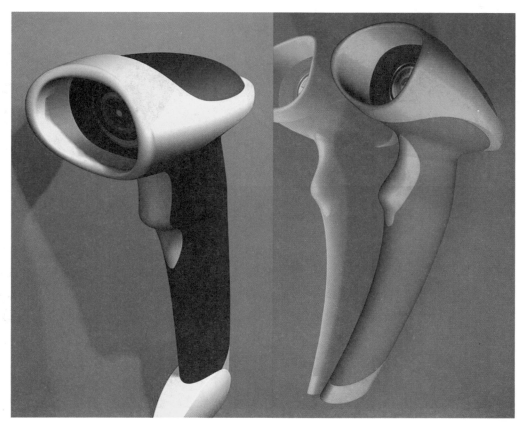
彩图33

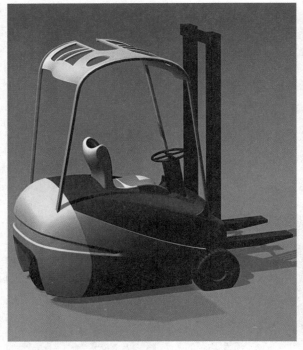

彩图34

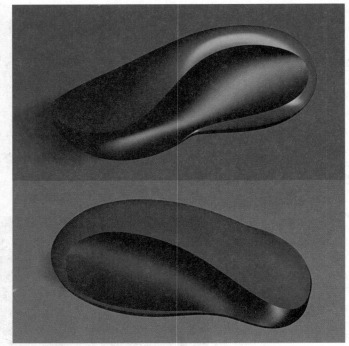

彩图35

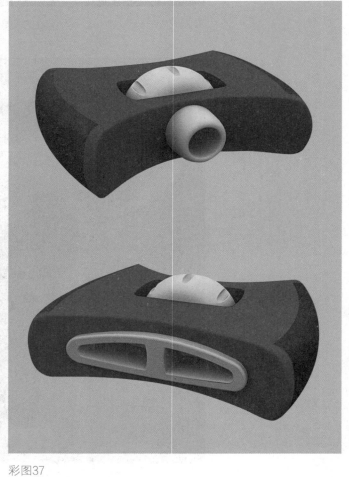

彩图36

彩图37

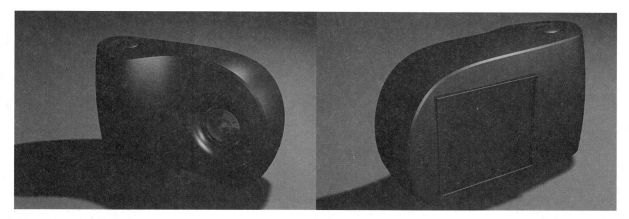

彩图38

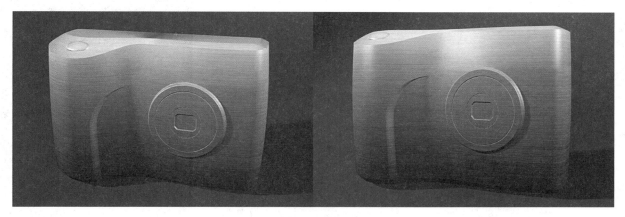

彩图39

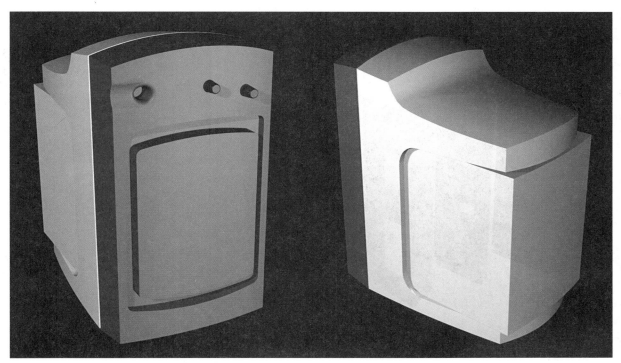

彩图40

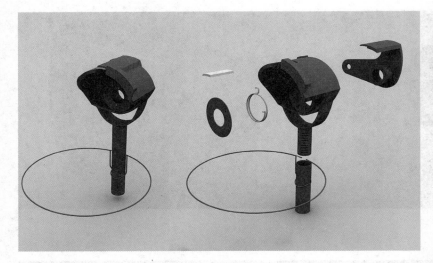

彩图41

彩图42

彩图43

彩图44

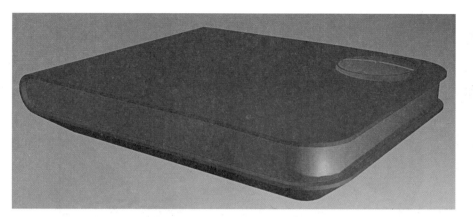

彩图45

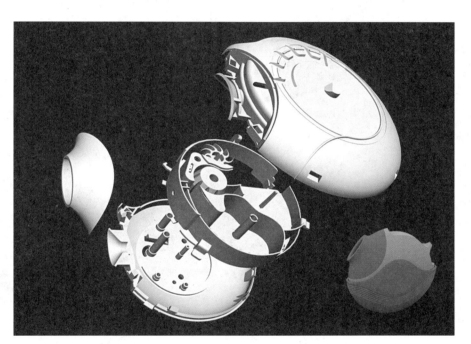

彩图46

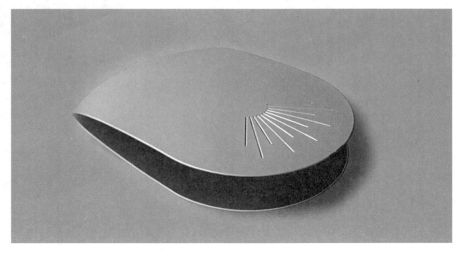

彩图47

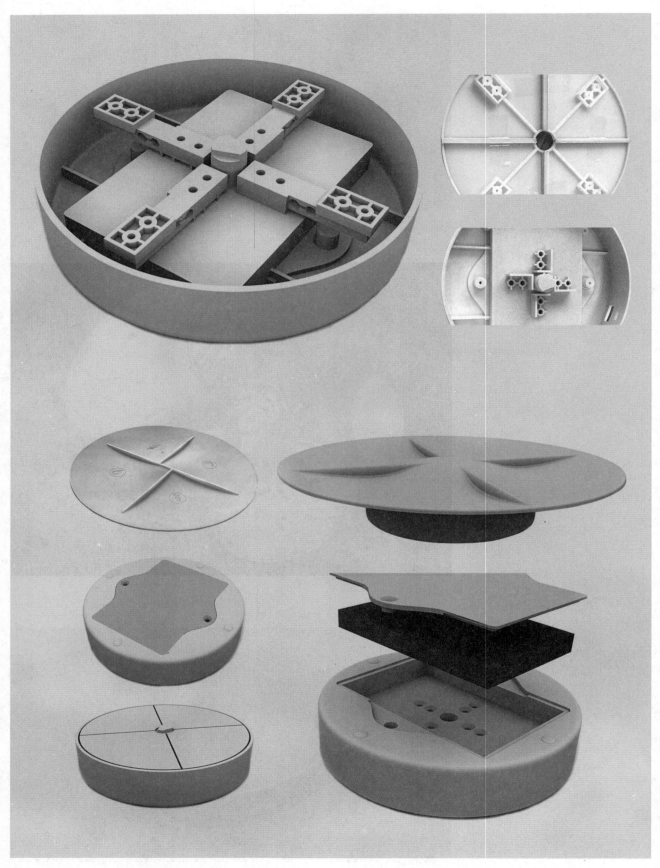

彩图48

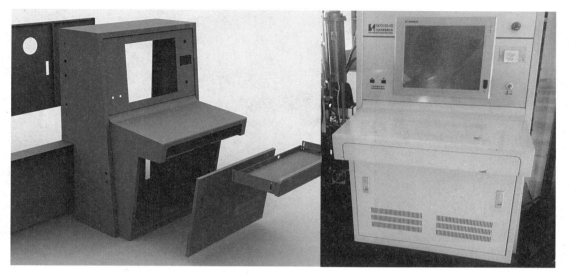

彩图49

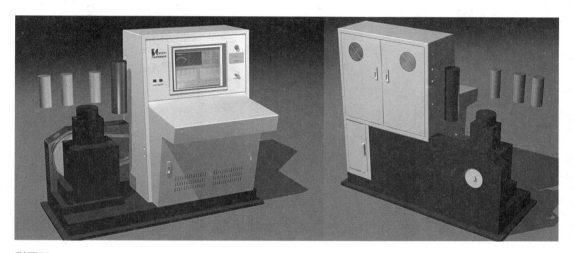

彩图50

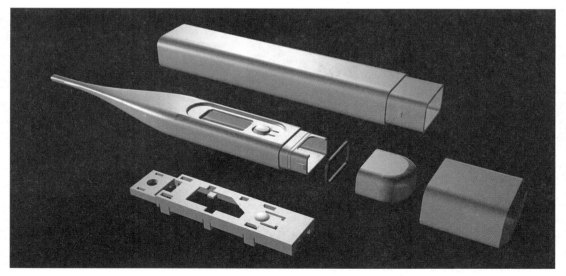

彩图51

彩图52

彩图53

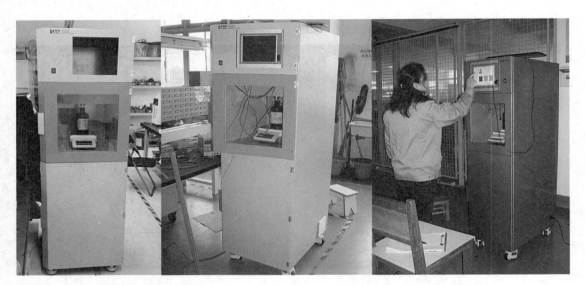

彩图54

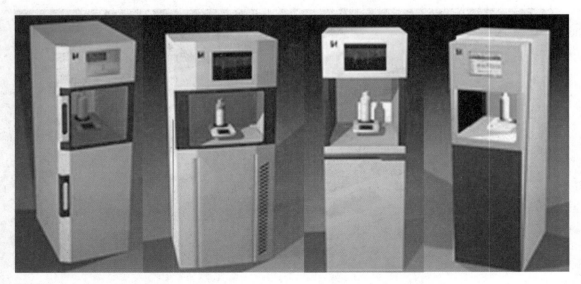

彩图55

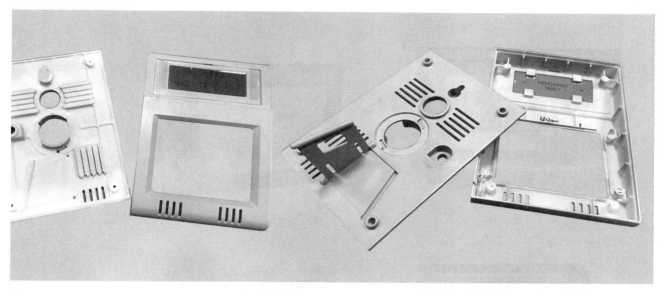

彩图56

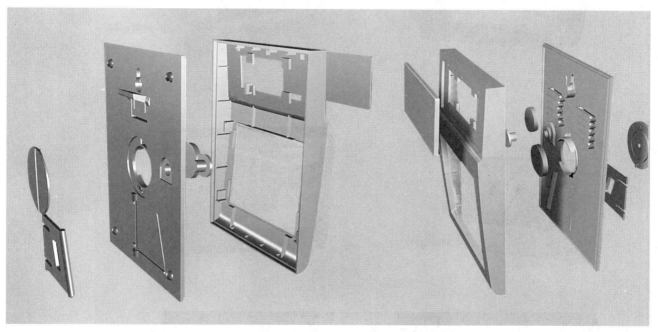

彩图57

彩图58

彩图59-65

全国高等教育艺术设计专业规划教材

Design with
Rhino

从 RHINO
到设计

盛建平　金诗韵　编著

中国轻工业出版社

图书在版编目（CIP）数据

从Rhino到设计 / 盛建平，金诗韵编著. —北京：中国轻工
业出版社，2019.9

全国高等教育艺术设计专业规划教材

ISBN 978-7-5184-1964-7

Ⅰ. ①从… Ⅱ. ①盛… ②金… Ⅲ. ①产品设计—计算机辅助
设计—应用软件—高等学校—教材 Ⅳ. ①TB472-39

中国版本图书馆CIP数据核字（2018）第100441号

内 容 简 介

本书以点线面为讨论出发点并以此开始建构模型，若掌握这些，初学者就能很灵活地实
现所想表达的形体。

整书用近50个独立的建模案例阐述产品的主要建模方式和设计要点，针对设计类学生本
书还特别强调线面的美学体现。

书中案例不求细节的完整（有些细节尽管能使模型锦上添花但模型构建很简单），而把重
点放在各种建模思想的体现上。

全部建模分为造型模型和结构模型，有些已经成为企业产品，让读者大致体验从Rhino到
产品设计的过程。

责任编辑：林　媛　毛旭林　　　责任终审：劳国强　　整体设计：锋尚设计

策划编辑：林　媛　毛旭林　　　责任校对：晋　洁　　责任监印：张　可

出版发行：中国轻工业出版社（北京东长安街6号，邮编：100740）

印　　刷：北京画中画印刷有限公司

经　　销：各地新华书店

版　　次：2019年9月第1版第2次印刷

开　　本：889×1194　1/16　印张：15

字　　数：450千字　　插页：8

书　　号：ISBN 978-7-5184-1964-7　定价：52.00元

邮购电话：010-65241695

发行电话：010-85119835　传真：85113293

网　　址：http://www.chlip.com.cn

Email：club@chlip.com.cn

如发现图书残缺请与我社邮购联系调换

191042J1C102ZBW

各种设计及工程类软件从20世纪70年代末开始有了突飞猛进的发展。到了90年代，各种商品化的软件已经让设计界享受到了前所未有的高精度、高效率带来的便利。20世纪末兴起的CAM技术又极大地推进了设计与制造过程的融合，使产品与设计师的意图更加吻合。可以这样说，没有软件的支持，设计人员将很难在现代设计界领域立足——无论是创意的表达还是与制造业的交互，无不用各种软件作为交流的手段。

年轻一代是伴随着软件成熟同步踏上工作岗位的，因此对软件有一种"天生"的依赖感，但是熟练运用软件只是掌握了技术手段，并不能替代设计本身，所以，一味迷信软件也是一种认识上的误区。

三维设计软件的种类繁多，主要可以分为设计与工程两大类。

设计类软件偏于概念设计，和艺术设计有某些交集，毕竟设计是带有人文色彩的——无论是日用产品设计还是建筑设计。

工程类软件则更注重材料与工艺对产品建模的影响，因此有了参数化设计，基于材料或零件加工特征的软件有UG、PROE等。

Rhino软件是一款小而精的设计类软件，这个软件适合进行方案的概念设计，但是补充各种插件即可同样实现参数化功能，实现非常好的加工特征模拟，例如走刀干涉测试、动画仿真等。

作为初步涉及设计的院校学生，这款软件可以使初学者很快上手，实现"心到，手到，效果到"，因此很受初学设计者的欢迎。

Rhino软件无论是建构实体还是建模过程都具有介于工程与艺术设计的特征，尤其是对有机形曲面实体的建模。笔者认为设计的准确性优于3D SMAX等纯艺术设计类软件，因此学会

了Rhino可以使读者在艺术设计和产品设计界均游刃有余。

需要说明的是，没有一个软件是十全十美的，软件版本的不断更新就是为了不断增加新的建模功能，更优化的算法、提高运算速度、使模型精度更高等。举例来说，两个正立方体布尔运算成为一体后对之进行倒圆角处理，分别用UG、CATIA和Rhino三个软件来实现，由结果看它们的算法还是有明显区别的，Rhino生成的圆角效果并不理想。

读者在学习建模过程中还会发现一些不能达到理想效果的情况，碰到这种现象不要急于怀疑软件，在很多情况下是自己的建模技术问题和对造型构成不清晰，从而使信息输入不足的问题过少的信息或过多的约束输入都会使模型偏离预想的效果。所以，建模过程本身就是设计思想参与的过程，没有经过设计训练就想学好软件建模往往是徒劳的。

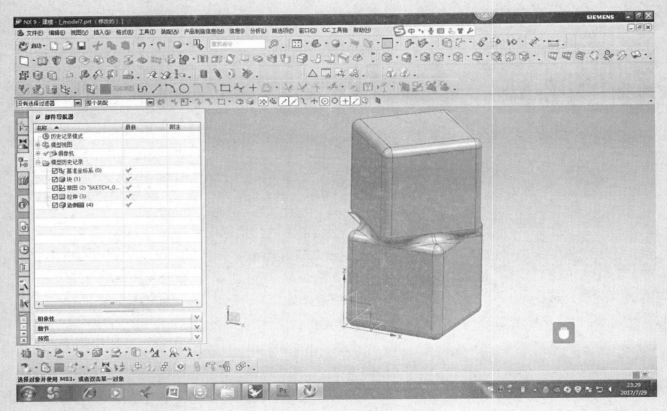

UG中倒圆角效果图

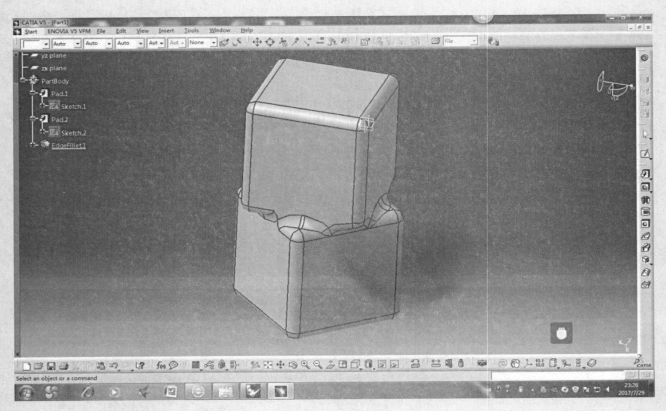

CATIA中倒圆角效果图

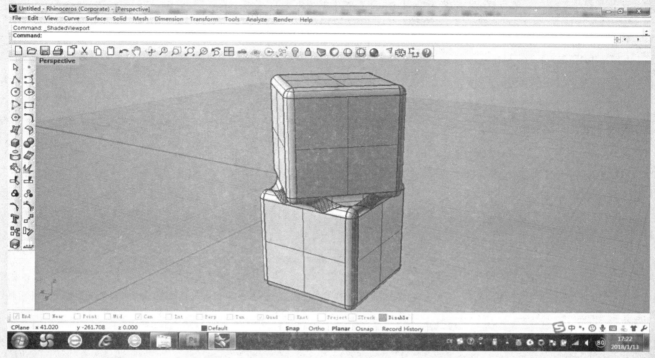

Rhino中倒圆角效果图

因此，光学会软件并不一定能带来好设计。回到设计的核心问题，本质上好设计与好软件没有完全绝对的关联。套用一句流行的话："红楼梦中的每个字都可以在新华字典里找到，但新华字典永远成不了红楼梦"。软件只是变换了传统"设计手法"而没有改变"设计本身"。

一个好设计的关键是控制"产生曲面的控制线是如何定出来的"或者说"设计思想是什么"。纲举目张，如果对设计诉求的关键线不清晰，再熟练的软件操作都无计可施或者南辕北辙。

一个好设计的第二个基础是数学知识，或者说是数学体现出来的美学特征。初学者往往既不关注比例也不关心细节，整个造型会有一种"假大空"的感觉。

方案图一

方案图二

"假"就是不成熟。举例来说，如果初学者的模型放入超市而不被人辨识就算成功，但初学者的东西却往往会被一眼被识别，因为不符常规的美学；"大"就是该厚的不厚，该薄的不薄，有些怪异的形或不常见的形就是由于不懂材料特性和工艺造成的，因为材料的成形始终受到工艺上的很多制约；"空"是指尺寸比例不准，空而无物，一个虚架子而已。

基于上述种种现象，本书试图将软件使用与设计美学结合起来阐述造型过程，书中罗列的40多个实例均是笔者在与初学者的交流中信手做出的，短则五六步，多则十几步，由一个个小例子把形态"素描"出来，在此过程中，非常强调造型线条的实时调整到位，准确表达。

实际上，设计一个产品所要考虑的因素比掌握一个软件要多得多，建模只是设计过程中的手段之一，举一个安保产品（室内机）开发的例子，将设计的基本流程表述如下：

（1）用户（甲方）提出设计的技术指标要求，设计者理解甲方的真正需求。

（2）草绘和建草模效果图与甲方交流，从中获得甲方的倾向性意见，优化设计再讨论。（此处列举两个方案建草模效果图，其他方案建草模效果图不一一举出）

室内机结构图一

室内机结构图二

（3）获得甲方对某个方案的认可，进行精确尺寸的造型设计，在此过程中不断地与甲方保持沟通以获得及时的技术参数修改等信息。

（4）结构设计、工艺设计。

（5）模型制作与验证。

（6）模具开发与试模等，验证设计（见彩图30、彩图31和彩图58至彩图65）。

本书作为交叉学科的教材，如果在专业教师的指导下使用将会起到事半功倍的效果，在每位教师个性化的引导下会使初学者对软件的理解和设计美学的初步掌握起到非常好的支撑作用。

本书同样列出了笔者用Rhino软件开发的产品实例，这些实例已经完成全部结构并依据建模文件制作成实物产品，有些已经商品化。

由于本书篇幅有限，所选用的均是相对简单甚至不完整的实例，这是因为作为少学时课程的教材，建模复杂或专业性强的结构案例可能并不一定适合教学。希望读者通过少量的时间投入，抓大放小，把更多的精力放在借助最常用命令将设计思想最有效地表达出来。本书不另外给出练习题，书中36个案例和11个拓展均可作为练习题之用。

希望本书能给设计类专业的教材增加一抹新色，但是由于笔者能力所限一定有许多不当之处，期待读者不吝指教。

盛建平写于2018年新春前夕

目 录
CONTENTS

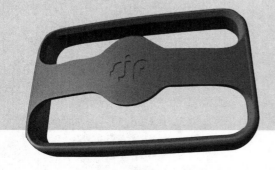

1.1　Rhino的界面构成

对Rhino软件的安装本书不作详叙，安装完毕后找到Rhino图标，双击进入，出现图1-1Rhino的主界面。

与大多数主流应用软件界面一样，Rhino的工作界面设有标题栏、菜单栏、命令行、工具栏、视图区和状态栏以及辅助窗口。

（1）标题栏

标题栏位于窗口界面的最上端，左侧显示的是模型的文件名（图1-2显示为未命名状态），右侧三个按钮分别为最小化、最大化和关闭窗口。文件名的编辑既可以在模型建模过程中或建模完成保存文件时进行，也可以通过单击"文件"，选择"新建"的方式

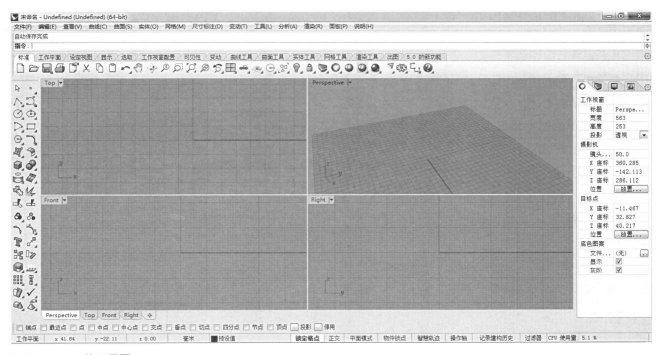

图1-1　Rhino的主界面

未命名 - Undefined (Undefined) (64-bit)

图1-2　标题栏

在开始建模前进行（选择"不使用模板"）。

新建一个文件时，可以按需求选择不同的文件格式，通常使用的单位为毫米或厘米。若希望当前模板文件成为以后打开软件时的默认值，勾选"当Rhino启动时使用这个文件"选项（图1-3）。

（2）菜单栏

标题栏下方是菜单栏（图1-4），与多数的Windows应用软件一样，菜单栏几乎包括了Rhino中所有的功能命令，下拉菜单即找到相关命令，或使用快捷键"Alt+字母"（例如打开曲面命令执行的操作是"Alt+S"）。

图1-3　打开模板文件

文件(F)　编辑(E)　查看(V)　曲线(C)　曲面(S)　实体(O)　网格(M)　尺寸标注(D)　变动(T)　工具(L)　分析(A)　渲染(R)　面板(P)　说明(H)

图1-4　菜单栏

菜单项下任何带有三角标记或是"…"的按键说明还有子菜单（图1-5）可以选择，读者可以尝试去操作体验一下。

（3）命令行

菜单栏之下的两列分别为历史命令行以及当前命令行，它们统称为命令行（需显示的行数可以在系统参数中设定）（图1-6）。

当前命令行显示的是当前命令的执行状态，提示下一步操作、输入参数、选择执行对象等。历史命令行是系统自动保存的所执行的命令集，点击右侧↕或查看工具栏下的指令历史（"工具-指令集-指令历史"）或使用快捷键F2可查询（图1-7、图1-8）。

（4）工具栏

工具栏（图1-9）提供了建模时的快捷操作，它罗列了建模常用的基本操作命令并给予使用者相关的操作提示。

水平工具栏包括了对模型的打开存储、视窗的移动缩放、建模物体的渲染等。竖直工具栏罗列了常用

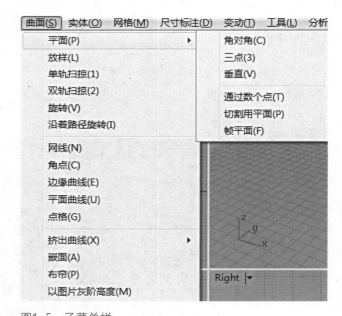

图1-5　子菜单栏

指令: _New

指令:

图1-6　命令行

图1-7 "工具-指令集-指令历史"

图1-8 指令历史

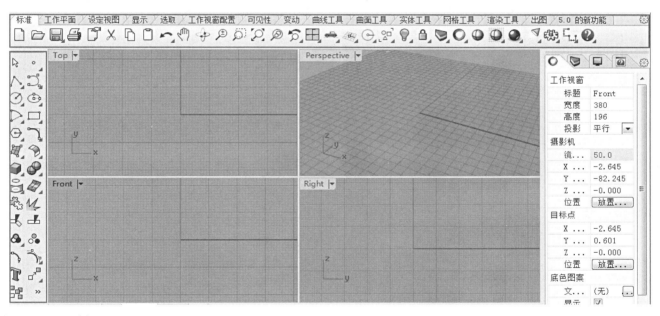

图1-9 工具栏

的建模工具。使用者可以根据个人建模喜好对工具栏的位置，纵横向排列等进行调整。

在Rhino软件中，对于单个工具按钮，鼠标左键和右键通常可执行不同的操作，长按左键或左击箭头跳出通常的命令界面（图1-10），将鼠标箭头轻轻移动至图标按键上会出现左右键所对应的不同的命令提示（图1-11），试几次就能掌握。

（5）视图区

视图区（图1-12）是工作界面中面积最大的部分，系统默认将视图界面分割为Top（顶）视图、Front（前）视图、Right（右）视图和Perspective

图1-10 图标的子命令界面

图1-11 左右键对应不同的命令提示

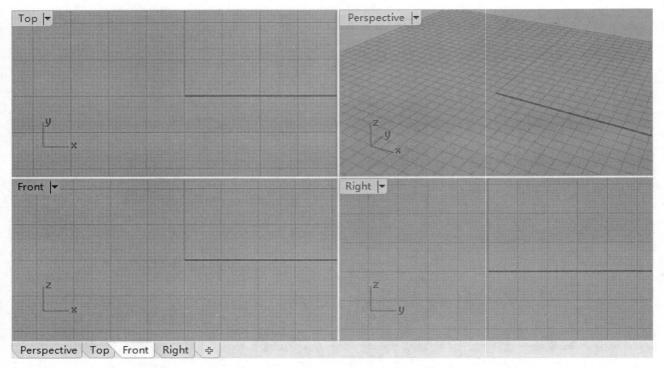

图1-12　视图区

（透视）视图等大的四块。使用者可按自己的操作需要在这四个视窗内显示不同的视图（如左视图，后视图，仰视图等）。

　　另外，将鼠标指针放置在区域分界线上，只要出现双箭头即可拖动鼠标，对各区域显示区域的大小进行调整。

　　当鼠标移到某视图区进行建模操作时，该视图区左上角标签会由浅灰色变成灰蓝色，与此同时，视窗区底部的标签也发生相应的变化（如图1-13所示），说明该视窗已激活，可以进行建模等操作。双击该标签可使该视图满屏放大，如想恢复先前视图面积时，同样双击该标签便可恢复先前状态。

图1-13　激活视窗

　　此外，对工作视窗的增减、隐藏等一系列的调整可在菜单栏中单击"查看"，选择"工作视窗配置"［如图1-14（1）所示］，或通过右击视图区左上角的标签（或左击该标签　　旁边箭头）选择对应的与视窗相关标签［如图1-14（2）所示］，或在工具栏中找到"工作视窗配置"按钮直接进行操作［如图1-14（3）所示］。

　　（6）状态栏

　　状态栏（如图1-15所示）位于操作界面底端，分两行显示。其作用是辅助建模，通常显示当前工作区所处的图层信息、光标位置等，并可以进行当前层的切换，模型换层等操作。

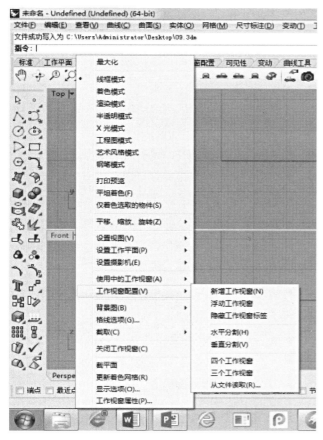

图1-14   调用工作视窗（1）

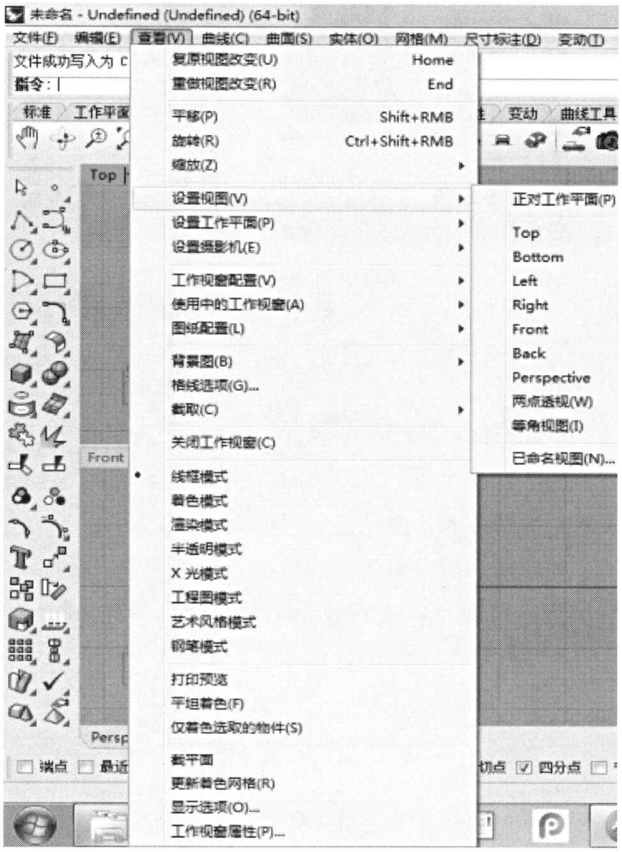

图1-14   调用工作视窗（2）

图1-14   调用工作视窗（3）

建模时，通常使用快捷键对视图区进行操作：

缩放：光标置于选定视窗，滚动鼠标滚轮或Ctrl+鼠标右键垂直移动实现窗口缩放（建模对象尺寸大小不变）

上下左右移动：光标置于选定视窗，按住右键移动鼠标即可。Shift+鼠标右键移动

旋转：鼠标右键（仅适用于在Perspective视窗内操作）

图1-15   状态栏

点击状态栏底部的预设值，弹出如图1-16所示的浮动窗口（或直接参考视图区右侧辅助窗口，如图1-17所示），第一行中，打钩说明该图层处于预设值图层，并且预设值图层默认值为黑色（■），即，该图层中绘制的模型，其线框为黑色。在下部的行列

中，灯泡说明图层可见，打开锁的式样说明该图层可直接进入编辑状态。

了解状态行的辅助建模功能有助于快速、准确地建模。单击某个标签图标使文字变粗表明该功能当前开启，文字变细则表示当前关闭，可以同时开启或关

图1-16　图层预设值浮动窗口　　图1-17　图层预设值
浮动窗口

闭多个标签。

标签图标对应的功能简介：

状态栏的上面一行（如图1-18所示）为开启或关闭对模型上的某些特征点的捕捉功能。

软件对几何元素的一些特征点做了标定，让使用者在建模操作过程中可以很方便地精确捕捉到这些点，分述如下：

● 端点——线的端点。

● 最近点——在用光标操作时，线上距离光标最近的点将会被捕捉到（即捕捉的是过光标作线的切线的法线与线的交点）。

● 点——独立画出的点或由线与线，线与面求交后生成的点。

● 中点——直线的中分点或曲线（按弧长）的1/2点。

● 中心点——圆、圆弧或椭圆的圆心点。

● 交点——若两线相交则可捕获这一交点。

● 垂点——以当前光标点为起点，假想画直线，捕获目标曲线（或直线）上切线与该直线垂直的点。

● 切点——捕捉从光标位置与目标曲线相切的点（图1-19、图1-20）。

● 四分点——捕捉目标曲线上具有垂直或水平的切线的点（图1-21、图1-22）。

● 节点——目标曲线或曲面上与曲率变化相关的点。

● 顶点——物件顶端的点。

图1-18　特征点的捕捉

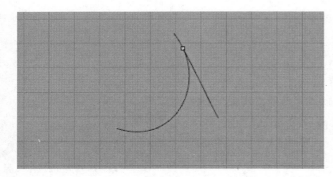

图1-19

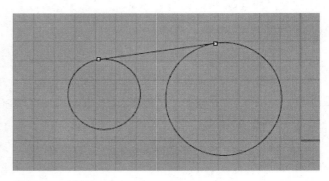

图1-20

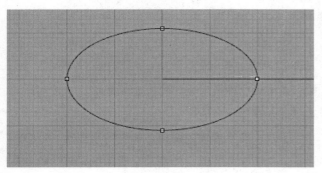

图1-21

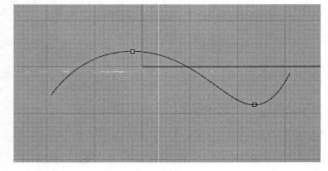

图1-22

图1-24　辅助窗口

● 投影——开启该方式后，按上述捕获的"特殊点"都会正投影到当前激活视窗的基本工作面上。另外，假如两条空间曲线在空间并不相交，但在某个基本工作面的投影是相交的，该点同样可以被捕获并定位在工作面上。

状态栏的下面一行（如图1-23所示）同样能很有效地帮助作图，可以对这些常用项进行开启或关闭。

| 锁定格点 | 正交 | 平面模式 | 物件锁点 | 智慧轨迹 | 操作轴 | 记录建构历史 | 过滤器 |

图1-23　捕捉点的模式

● 锁定格点——在绘制草图阶段，为了便于快速精确作图而不采用坐标数值输入，开启"锁定格点"模式可以使光标被"吸附"到离光标最近的格点上，从而实现精确定位。在建模过程中，可以根据需要适时关闭或开启此模式。

● 正交——光标定好一个起始点后，若要绘制一条水平线或垂直线，可以开启该模式，软件会根据光标当前位置相对起始点的X坐标差与Y的坐标差值进行比较，若Y的坐标差值较大，画垂直线；若X差大，画水平线，能给作图带来很大的便利。

● 平面模式——在"平面模式"关闭的情况下，除

非捕捉空间特殊点，否则任何采用光标定位的操作都作用在当前激活视窗的基本工作平面上，即使当前光标设置在离开工作面的空间位置，下一步光标也会被强行吸附到工作面上，有时会给建模带来不便。开启平面模式后，软件将根据光标最近输入点的空间位置，设置一个通过该点并与当前激活的视窗中基本工作面平行的工作面，光标即在该工作面进行下一步操作。

● 物件锁点——"物件锁点"功能开启后可以选择所需的若干特殊点类型，但不应盲目多选，否则会在建模时因"误捕"特殊点类型而使建模不便。同样，适时关闭"物件锁定"功能可以使光标能释放约束，方便下一步操作。

● 智慧轨迹——产生点在垂直和水平方向的辅助线（白线）。

● 操作轴（Rhino5.0增设命令）——通过对操作轴的拉伸、旋转、移动对物体进行拉伸、旋转、移动。

（7）辅助窗口

默认状态下，辅助窗口（图1-24）位于主界面的右侧，其中涵盖了工作视窗、当前所处的图层、图层颜色、物件材质等模型信息。建模时，利用辅助窗口的信息可以进行模型的简单渲染。

1.2 Rhino的工作视图

图1-25为空间投影角示意图，国际上用于工程图的正投影分为第一角投影和第三角投影两种。我国采用的是第一角投影，Rhino软件默认状态下是第三角投影。如果需要采用中国正投影体系，只要将视窗的布置作适当的调整即可。当然熟悉了正投影关系后，无论采用的是第一角还是第三角标准，均可根据建模需要自如地布置合适的视窗组合。

Rhino软件中一个模型置于空间的位置与投影面的关系如图1-26、图1-27所示。

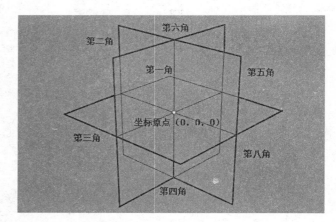

图1-25 空间投影角示意图

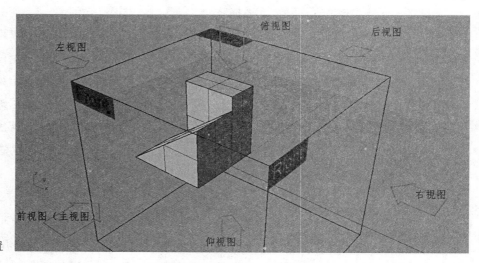

图1-26 模型在空间中的位置

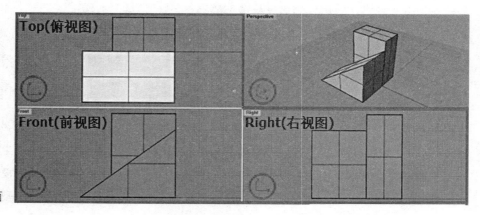

图1-27 各视窗中的模型投影面

左下角圆圈内的坐标轴表示的是Rhino软件中的世界坐标系规则，建模时可参考左下角的坐标轴来判断坐标输入或是模型处理的位置。

图1-28表示按我国执行的投影体系（第一角）中一个简单模型与六个投影面的位置关系，以此读者可以体会各视图在工作界面中代表的意义。

前视图：从前往后看	右视图：从右往左看
后视图：从后往前看	俯视图：从上往下看
左视图：从左往右看	仰视图：从下往上看

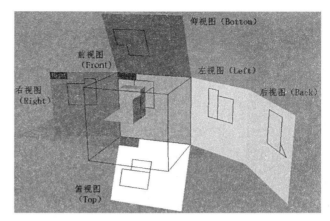

图1-28　模型与投影面的位置关系（第一角）

1.3　Rhino中的坐标系

1.3.1　数学的坐标系概述

（1）直角坐标系

包括平面直角坐标系（二维坐标系）和空间直角坐标系（三维坐标系）。

平面直角坐标系由两条互相垂直、原点重合的数轴组成（图1-29）。水平的数轴称为x轴，习惯上取向右为正方向；竖直的数轴为y轴，取向上方向为正方向；两个坐标轴的交点为平面直角坐标系的原点。

空间直角坐标系在平面直角坐标系的基础上添加了与x轴，y轴均垂直的z轴，在大部分三维设计软件中习惯上将xoy平面设置为水平面（底平面）（图1-30）。

（2）极坐标

二维坐标系，在平面内取一定点，设该点为O，叫作极点，引一条射线OX，叫作极轴，再选定一个长度单位R和角度θ的正方向（通常取逆时针方向）。R叫作该点的极径，θ叫作该点的极角，有序数对（R，θ）就叫该点的极坐标，这样建立的坐标系叫作极坐标系（图1-31）。

（3）球面坐标

球面坐标：（r，θ，ϕ）

三维坐标系，以中心点为参考点，由距离r、仰角θ和方位角ϕ构成，如图1-32所示。r表示中心点与坐标点之间的径向距离，θ为中心点到坐标点的连线与正z轴之间的仰角，ϕ为中心点到坐标点的连线，

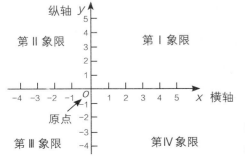

图1-29　平面直角坐标系

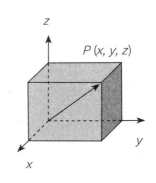

图1-30　空间直角坐标系

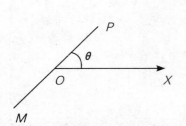

图1-31 极坐标系

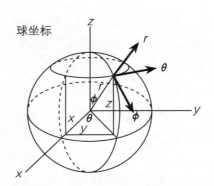

球坐标

图1-32 球坐标系

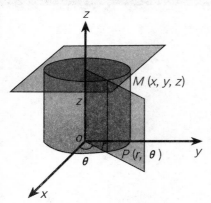

图1-33 柱面坐标

柱面坐标系的三坐标面：

r为常数时——圆柱面

θ为常数时——半平面

z为常数时——平面

在xoy平面的投影线，与x轴正方向之间的方位角。

（4）柱面坐标

柱面坐标：(r, θ, z)

三维坐标系，可理解为一平面极坐标系加上z轴，设$M(xyz)$为空间内一点，并设点M在xoy面上的投影P的极坐标为(r, θ)，则这样的三个数就叫点M的柱面坐标。如图1-33所示。

1.3.2 Rhino中的坐标系

重新回归到图1-34，每个视窗中左下角圆圈内的

坐标轴显示的是Rhino软件中的世界坐标系，有唯一的X轴和Y轴，X轴以绿线表示，Y轴以红线表示。在Rhino软件中，世界坐标系是绝对的、不变的坐标系，它由原点、X轴、Y轴、θ轴组成，独立于各视图的设计平面，透视图视窗中的模型是按世界坐标系显示的。但在实际建模中，更常使用的是设计平面坐标。

在Rhino软件中，键入二维或三维的世界坐标值的时候，命令行的提示为"X,Y,Z"。若Z值缺失，则表示$Z=0$。每一个视窗都有一个默认的工作平面。在输入坐标值时，要明确当前的操作视窗，相同的坐标数值在不同的视图下会有不同的结果。

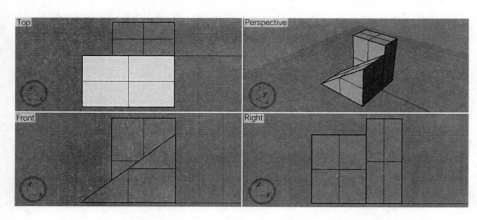

图1-34 各视窗中的模型投影面

第二章

点、线、面生成
的基本操作

在默认状态下，Rhino的工具栏列于绘图区一侧，使用者可以根据个人习惯拖曳到任何适当位置，该区域可以分为三个大的功能区，如图2-1所示，主要是：

- 构建点、线、面、体的建模区
- 对线、面、体进行各种处理得编辑命令区
- 用于反映线、面、体特征显示的辅助分析命令区

命令区中罗列了常用的建模功能命令，Rhino的命令很多，可以通过将鼠标置于命令行上侧点击左键获得信息并勾选所需命令集，显示在界面上。

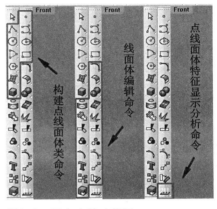

图2-1　三个大的功能区

2.1　点的生成

2.1.1　点

在三维建模中，点主要是用于后续建模所用的空间定位，一旦确定了点的空间位置，就可以用捕获点的方式达到所需形态的目的。点可以单独生成，也可以由相交的线与线，线与面等方式生成。

2.1.2　点的生成

激活某一视窗，单击图标 后，命令行出现提示"点物件的位置"，将光标移至需要绘制点的位置，光标箭头变为十字形（图2-2），单击左键可以完成点的绘制（同步显示该点位置的坐标）。除了通过控制光标在工作平面中单击制定点之外，还可以通过状态栏命令提示栏的提示项输入坐标值（图2-3）。

指令：_Point
点物件的位置：|

图2-2　　　图2-3

（1）直角坐标系中键入点

2-D坐标：键入 "*x，y*"（图2-4）；

3-D坐标：键入 "*x，y，z*"（图2-5）。

（2）极坐标系中键入点

2-D坐标：键入 "*r<θ*"（图2-6和图2-7）。

（注：极坐标针对的是二维的平面坐标，不存在三维坐标。）

（3）绝对坐标

直接键入坐标值的坐标均是绝对坐标。绝对坐标指明了点在*x，y，z*轴的具体位置，输入形式为 "*x，y，z*"。若只输入*x，y*的坐标，则默认*z*坐标为0，此时该点落在工作平面上。

（4）相对坐标方法输入

通过上一点与下一点的相对位置来输入坐标值。在建模时，若需要在原有

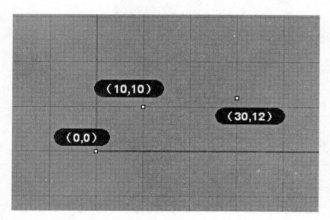

图2-4　在*xoy*平面内的点

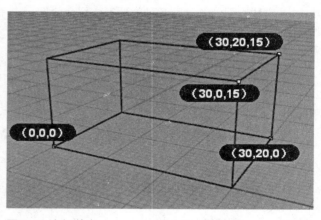

图2-5　空间的点

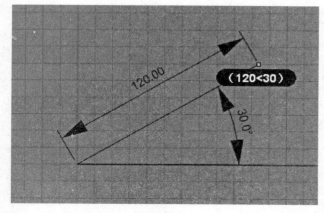

图2-6　极坐标点（120<30）

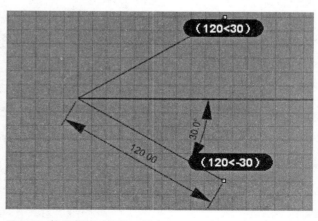

图2-7　极坐标点（120<-30）

模型的基础上"偏移"指定距离，则采用相对坐标确定点的位置（较之采用绝对坐标确定点的位置）更为便利。

当需键入前一点的相对点时，输入形式为"r*x*，*y*，*z*"或"@*x*，*y*，*z*"（当*z*=0时，可省略，即点位于坐标平面）。此时，前一点相当于新的坐标原点，添加@的方式是沿用了AutoCAD等作图软件中的习惯

用法。相对坐标的输入方式既可用于平面的点，也可用于三维的点（存在*Z*轴的数值）。

在理解相对坐标的概念时，可以假想上一点的位置作为原点坐标重新定义了一个新的设计工作平面，使用"@"输入坐标（即相对坐标），其所输入的坐标是在这个重新定义过的设计工作平面中的绝对坐标。

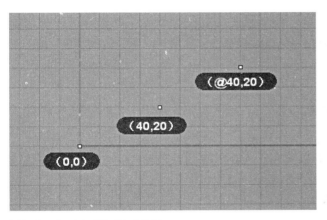

图2-8　绝对坐标与相对坐标

> 说明：
>
> 如图2-8，（40,20）点为输入的绝对坐标，（@40,20）点为输入的相对坐标，即（@40,20）点是相对于（40,20）点而言的相对坐标。可假想为，用（40,20）点替代原点（0,0），生成了一个新的以（40,20）点为原点的坐标系，（@40,20）点是在这个新的坐标系中的绝对坐标。

2.2　线的生成

2.2.1　线

虽然在真实空间或三维模型中不存在抽象的"线"，但"线"是构造曲面或实体的基本要素，线为纲，面和实体为目，纲举目张，只有精确处理好各种走向的线才能产生符合要求的面（平面或曲面）和实体。因此理解线的生成机理，熟练掌握各种线绘制相当重要。

简单地说，由一次方程构成的线是直线，由两次方程构成的线称为"两次曲线"——椭圆（含圆），抛物线和双曲线均属于两次曲线。三次方程构成的曲线称为三次曲线。

为符合计算机软件的编程和满足越来越高的产品

造型（如汽车）需要，数学家找到了一种可以用一个*N*次多项式组成的参数方程来描述各种曲线曲面的方法，这组方程很好地满足了线与线，面与面之间的连接光滑性要求，能在连接处达到曲率连续变化而不产生突变，在后续的阐述中称为"G2"连续。设计师想要的大多数的曲线（曲面）均能通过这个方程得以实现，笔者把这个方程比喻为"绞肉机"——很符合软件编程要求：数组中千变万化的数据只要一进这个通用方程"循环"一下就能生成丰富多彩的不同曲线（曲面），完善后的这个方程产生的曲线被称为NURBS曲线，由若干条NURBS曲线经过数学处理后可以生成一个曲面（NURBS面片）。Rhino软件建模使用的数学模型就是建立在NURBS基础上的。

数学家研究出的*N*次方程并没有限制这个*N*为多高，但在设计使用中，3次或4次已经能够满足大部分的需要，因此软件默认绘制的曲线次数是3次，Rhino软件能够直接支持的最高次数是11次方程，通过补充变量的调整还可以支持更高的次数。

由于两次曲线不能用一个"通用"方程来描述，所以软件专门设置各种两次方程产生的几何模型供设计选用。

在"线"的编辑功能中，软件允许对不同次数的曲线之间进行转换，但是，两次方程转换为三次后原曲线固有的性质将不复存在，新的曲线只是原曲线的近似，这一点读者必须加以注意。

各种曲线的机理和特性将结合建模举例分段阐述以期"化整为零"地了解相关概念。

2.2.2　直线段绘制

直线段是特殊的曲线段，因此，绘制一条直线段既可以用专门绘制直线段的功能命令，也可以用绘制曲线段的方法绘制。

用画直线段功能绘制的直线只有两个端点，线段内没有控制点；用画曲线段的功能利用光标在视窗内不同位置处定两个点回车即生成一条直线段，按软件默认参数，这条线段是三次曲线的特例，有两个节点和两个端点，如图2-9所示。

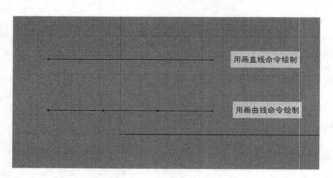

图2-9　Rhino界面

用画直线段功能选用的是 ∧ 命令，最常用的是该命令组中的两个命令。

▶　命令：直线段（Line） ⟋

直线起点（两侧(B) 法线(N) 指定角度(A) 与工作平面垂直(V) 四点(P) 角度等分线(L) 与曲线垂直(P) 与曲线正切(T) 延伸(X)）：

描述：以直线的起始点和末端点确定一条直线段，一次命令只能画一段直线段（图2-10至图2-13）。

在建模过程中，比较常用的画线段命令是"画多段线"命令[多重直线（Polyline） ∧]，该命令提供在一个命令下完成多段直线并且自动成为一个"元素"[即可以用"炸开"（Explode） ⟋ 命令使之成为独立分段直线]，若末点与起点重合则自动生成一个封闭的多边形，由封闭线可"拉出"[挤出封闭的平面曲线（Pause） ▣]成实体。

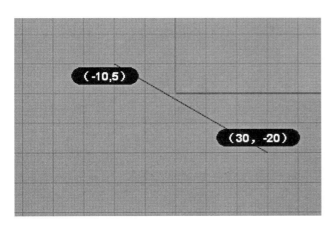

图2-10 两点确定一条直线

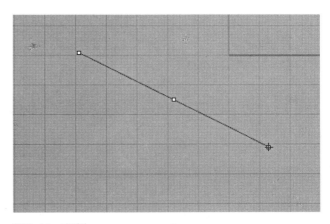

图2-11 两侧

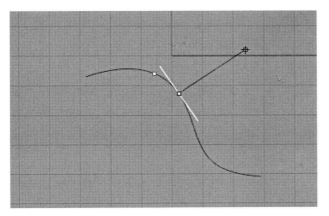

图2-12 与曲线垂直

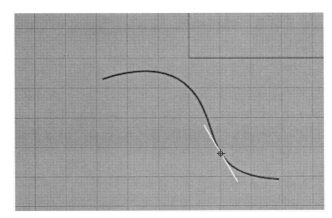

图2-13 与曲线正切

▶ 命令：多重直线（Polyline）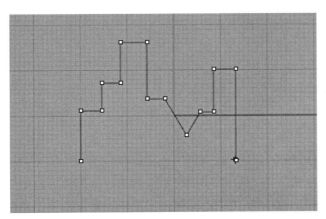

多重直线的下一点（持续封闭(L)）=否 模式(M)=*直线* 导线(H)=否 复原(U)）：

描述：画出一条由数条直线线段或圆弧线段组合而成的多重直线或多重曲线（注意：选择"持续封闭"意味着将绘制线段的首尾相连。）（图2-14至图2-17）。

用画曲线功能画直线是控制点曲线命令（Curve）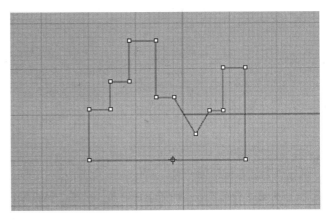，在视窗中用坐标输入或光标定位输入一点为起点，再输入末点回车即可画出一条形状为直线段的曲线。

图2-14 持续封闭（否）

图2-15 持续封闭（是）

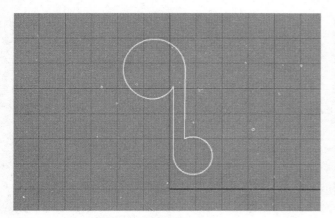

图2-16　模式（直线与圆弧交替）

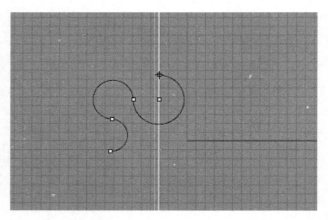

图2-17　导线（是）

2.2.3　曲线绘制

除了一些常用的两次曲线如圆、圆弧、椭圆等可以用单独列出功能（图标）绘制以外，一般自由形态的平面或空间曲线均可用三次NURBS曲线完成。在进行曲线绘制之前需要明确涉及曲线形状的参数以及曲线连续性的概念。

◆　涉及曲线形状的三个参数

（1）曲率

在数学上，曲率描述的是曲线的弯曲程度，曲率越大，曲线弯曲程度越大，使用打开曲率图形命令

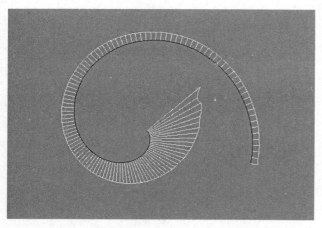

图2-18　曲率分析示意图

> 白色曲线示意曲线曲率变化，与曲线上的点垂直的小直线段的长度对应曲线上该点处的曲率大小关系，由图2-18可见，白色直线段越长，说明曲线在该点处的曲率越大。

（CurvatureGraph）　可以显示选中的曲线在每个位置处的曲率示意。

（2）控制点

要画好一条空间曲线，对曲线形态的掌控相当重要，NURBS方程提供了对曲线全局或局部修改的便利性，反映在曲线上则提供了一组调控曲线的控制点，分述如下：

①内插点：在曲线内分布若干个点，移动这些点即可同时改变曲线的形状，达到调控曲线形状的目的。按数学方程算法，三次曲线最少要有两个节点和两个端点，可以通过重建命令或插入点命令按需要增加节点。在节点过多的情况下也可以通过重建命令或去除点命令按需要减少节点。同理四次曲线最少有三个节点，两个端点，依此类推。

②控制点：NURBS方程同样给曲线提供了一个决定曲线形状的特征多边形，多边形的折点就是控制点，这些折点不在曲线上，但移动这些点同样会可以改变曲线的形状，曲线区域距离哪个控制点近，该控制点就对该区域的曲线具有更明显的调控能力（权重大）由此达到调控曲线形状的目的。

③内插点与控制点的特点：由于内插点落在曲线上，因此若将内插点移动到某个位置，则曲线必然精确通过这个位置。控制点不在曲线上所以无法将曲线精确定位在某个位置上，但控制点构成的多边形能够很直观地体现了曲线的凹凸趋势、曲率大小以及切线走向，因此具有很好地掌控曲线质量的优点。

用光标在工作平面上定三点则会产生一条含三个

节点、两个端点的曲线段；在工作平面上定四点则会产生一条含四个节点、两个端点的曲线段；在工作平面上定n点则会产生一条含n个节点、两个端点的曲线段，由此产生的曲线均为单一曲线而不是复合曲线。

曲线绘制完成后，既可以显示其节点的数量与位置，也可以显示控制点的数量与位置，显示后就可以通过调控这些点来达到进一步调整优化曲线的形状。

同一条曲线的节点与控制点的数量是相同的。

（3）阶数

曲线的阶数对应函数的次数，由于构成NURBS的多项式方程包含常数项，一条n阶的开环曲线至少需要n+1个数据点（未知数）来定义，一条n阶的闭环曲线至少需要n个数据点（未知数），这里的数据点指的就是控制点。如果控制点的数目低于"几次"曲线需要的最少点数，点数的增加并不会提高曲线的次数。

◆ 常见曲线形态与曲率的关系

对于两条相接的曲线来说，它们之间的曲率变化影响了曲线相接的连续性。这亦是使用Rhino软件建模时所说的G0、G1、G2连续。

①两段曲线在连接处仅位置相同，见图2-19。

两条曲线的端点在相同的位置，在该位置处两线的切线方向不同，相接后形成尖点，称为G0连接。

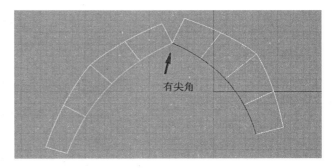

图2-19　G0连续

②两段曲线在连接处位置相同、切线方向相同，但曲率不同，见图2-20。

在G0基础上，曲线的切线方向保持连续，在该位置处两线相接后无尖角但曲率（半径）有形成突变，称为G1连接。

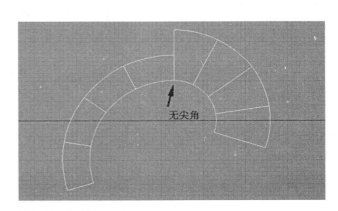

图2-20　G1连续

③两段曲线在连接处不仅位置相同、切线方向相同，曲率也相同，见图2-21。

在G1基础上，两条曲线的交点处的曲率一致，相接后曲线光滑且无突变，称为G2连接。

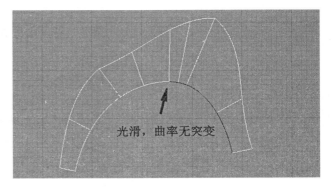

图2-21　G2连续

画曲线选用的是 🔲 命令，最常用的是该命令组中的三个命令。

● 草图曲线画法：描绘（Sketch） 🔃

这种画法与艺术家思维接近，按住左键拖曳鼠标完全像手绘的方式绘制曲线，绘制完成后可以用重建曲线（Rebuild） 🔷 命令以草图曲线点数重建曲线保证重建后的曲线最大限度地与原曲线相似，然后打开点（PointsOn） 🔧 显示并调整内插点达到所需曲线的形状。

▶ 命令：描绘（Sketch） 🔃

描述：为最大程度地贴近实际想要描绘的曲线形状，该命令最好要结合数位板来使用。

● 内插点方式画曲线：内插点曲线（InterpCrv） 🔃

此方式最大优点是曲线会经过按坐标输入光标左键确定走过的点，与手绘方式比较相似，符合设计师的习惯，曲线完成按鼠标右键（回车键）即可。若要画一条封闭曲线则将末点定在起点处回车即可。这样作出的线在首尾相接处同样是光滑的（G2连续）。

▶ 命令：内插点曲线（InterpCrv） 🔲

曲线起点 （阶数（D）=3 节点（K）=弦长 持续封闭（P）=否 起点相切（S）)：|

描述：曲线会经过按光标左键确定走过的内插点生成，图2-22为默认效果，图2-23为选择持续封闭的效果。

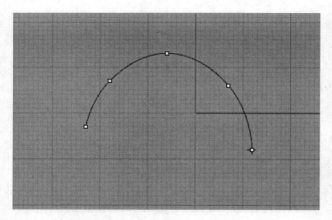

图2-22　持续封闭（否）

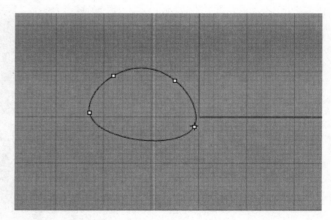

图2-23　持续封闭（是）

● 用控制点方式画曲线：控制点曲线（Curve） 🔲

用控制点方式作图，除了起点和终点外，生成的曲线并不通过光标所定位的点，光标所定位的位置就是构成曲线控制点的位置。

▶ 命令：控制点曲线（Curve） 🔲

曲线起点 （阶数（D）=3 持续封闭（P）=否)：|

描述：曲线会经过按光标左键确定走过的控制点生成，图2-24为默认效果，图2-25为选择持续封闭的效果。

无论是内插点方式画图还是控制点方式画图，凡是涉及数据点的均可在命令提示等下可采用键入U的方式撤销最近一个数据点，以便及时地修正和调

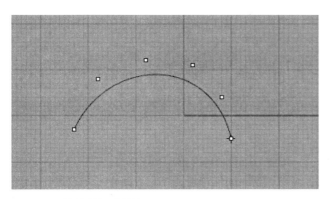

图2-24　持续封闭（否）

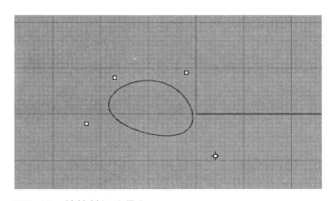

图2-25　持续封闭（是）

整，也可以曲线画完后打开控制点（或内插点）进行调整。在有些情况下还可以通过重建曲线（Rebuild）🏃 重新分配数据点的位置，优化点后进行进一步的调整。

相关命令：

▶ 命令：重建曲线（Rebuild）🏃

描述：以设定的阶数与控制点数重建曲线或曲面。

重建完成后可以打开控制点［打开点（PointsOn）🐾］和曲率图形［打开曲率图形（CurvatureGraph）💿］等命令检查曲线重建后的质量（图2-26、图2-27）。

▶ 命令：打开点（PointsOn）🐾

描述：显示曲线或曲面上的控制点。可通过该命令对重建后（重建曲线（Rebuild）🏃）的曲线进行检验（图2-28、图2-29）。

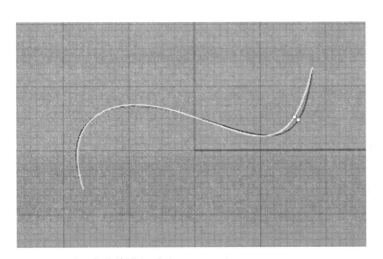

图2-26　对一条曲线进行重建

图2-27　重建的浮动窗口

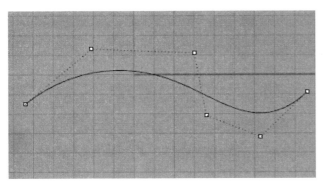

图2-28　显示曲线上的控制点

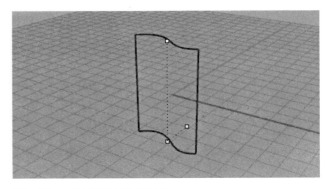

图2-29　显示曲面上的控制点

补充命令：

▶ 命令：打开编辑点（EditPtOn）

描述：该命令与打开点（PointsOn）类似，但显示的是曲线上的编辑点。编辑点位于曲线上。编辑点适用于要让一条曲线通过某一个点的情况，而编辑控制点可以改变曲线的形状并以同步看到曲线"拐点"等变化。

如果对通过已有的内插点（或控制点）的调整还不能获得满意结果，可以在某些区域增加或减少内插点以获得更多的调控能力。

▶ 命令：插入节点（InsertKnot）

描述：在曲线或曲面上插入节点（图2-30至图2-32）。

附注：如果曲面有显示结构线，在曲面上插入节

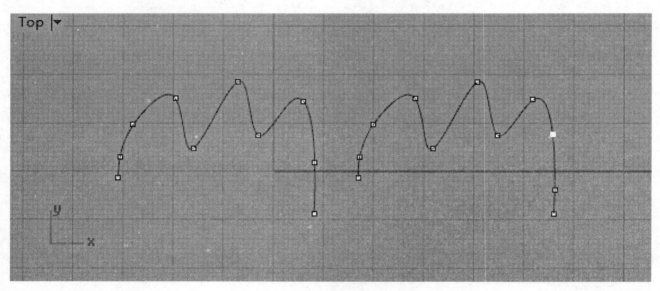

图2-30　曲线上插入节点

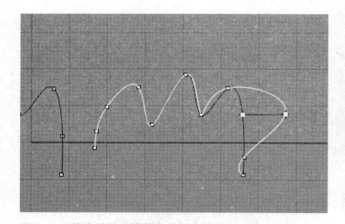

图2-31　移动所插入的节点（对曲线局部调整）

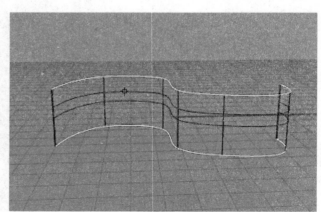

图2-32　曲面上插入节点

点的位置会增加一条结构线。

▶ 命令：移除节点（RemoveKnot）

描述：在曲线或曲面上移除节点（图2-33、图2-34）。

附注：移除节点可用于移除两条曲线的组合点，

组合点移除后曲线将无法再炸开成为个别的曲线。

▶ 命令：插入锐角点（InsertKink）

描述：在曲线或曲面上加入锐角。插入锐角点后拖动该点，可在该点位置拉伸出一个锐角（图2-35）。

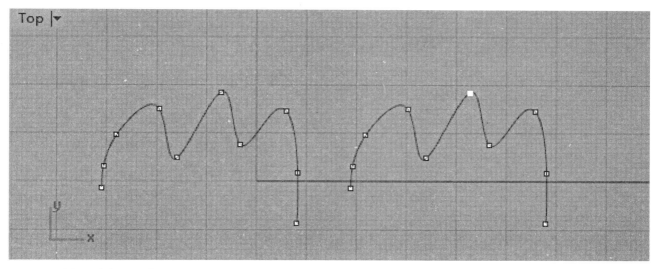

图2-33　选择一个点进行移除

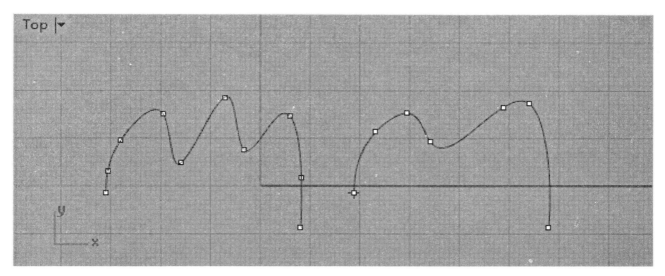

图2-34　移除节点后的曲线与原曲线的对比图

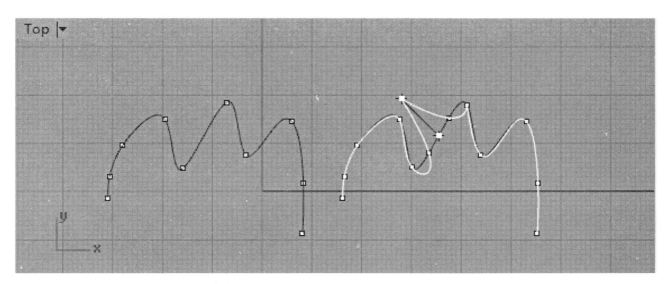

图2-35　插入锐角点后的曲线与原曲线的对比图

在点的编辑命令（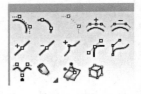）（图2-36）中，可以找到插入一个控制点（ ）和移除一个控制点（ ）的命令，用于调整控制点的点数，与上述调整节点的点数类似，此处不一一赘述，望读者自行尝试掌握。

图2-36　点的编辑命令群组

试一试：

》　分别用控制点曲线（Curve） 和内插点曲线（InterpCrv） 命令绘制曲线，使用重建曲线（Rebuild） 调整曲线的控制点和阶数，记录结果，体会对阶数概念的认知。

》　使用插入节点（InsertKnot） 、移除节点（RemoveKnot） 、打开点（PointsOn） 、打开编辑点（EditPtOn） 、重建曲线（Rebuild） 命令对绘制的曲线进行简单的点数调整。

》　圆、圆弧、椭圆

● 圆的绘制

画圆选用的是 命令，该命令组有十个画圆命令。

▶ 命令：圆（Circle）

圆心（可塑形的(D)　垂直(V)　两点(P)　三点(O)　正切(T)　环绕曲线(A)　逼近数个点(F)）：

描述：数学上对圆的定义为：在一个平面上，一个动点到一个定点的距离不变所走过的轨迹为一个圆。绘制圆命令通过对"圆心、半径/直径"或"三点"的方式确定一个圆（图2-37至图2-44）。

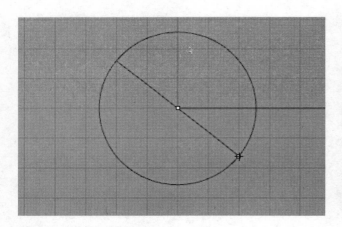

图2-37　从中心绘制圆

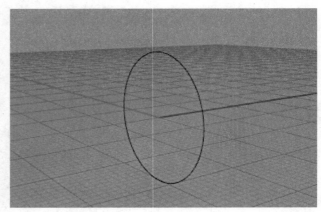

图2-38　垂直

说明：

圆：两点　由两个点，以这两点的连线为直径，连线的中点为圆心生成圆（图2-39）。

圆：三点　以输入的三个点确定一个圆，这三点落在该圆周上（图2-40）。

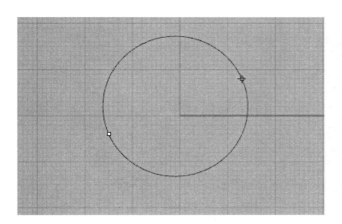

图2-39　两点

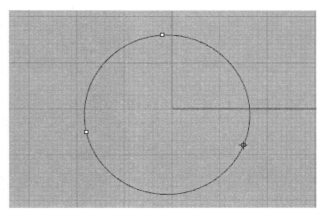

图2-40　三点

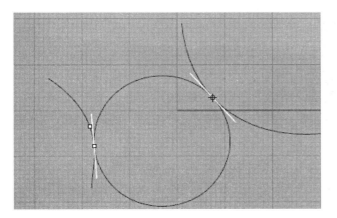

图2-41　相切

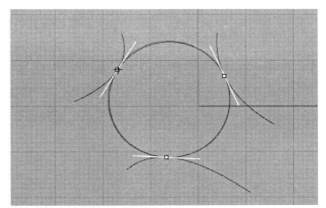

图2-42　与三条曲线相切构成圆

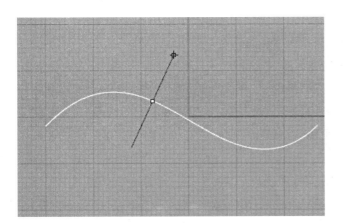

图2-43　环绕曲线：（Top视窗）

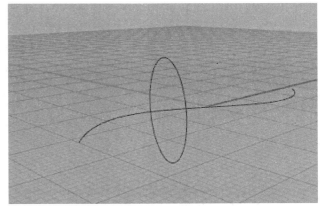

图2-44　环绕曲线（Perspective视窗）

说明：

圆：相切　与已有的两个线元素相切，给定半径或直径生成圆（图2-41）。

在画圆命令的提示项中，有一个"可塑性（D）"的选项，意为"以可塑性（D）方式画圆"。按需要的次数用NURBS曲线画出一个类似圆的封闭曲线，

用打开曲率图形命令（CurvatureGraph）✍检验一下曲率，可以看出"可塑性（D）"选项画出的"圆"曲线上的曲率各不相同，即此法生成的不是一个真正的数学意义上的圆（图2-45）。

软件中的"圆"拥有"正无限多边形"的特征，即，当多边形边数越多时，其形状越接近于圆。

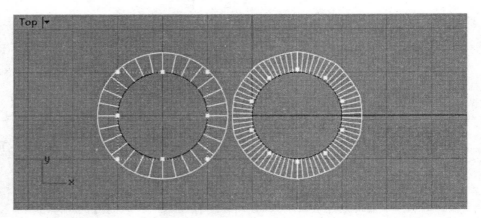

图2-45　可塑性圆和圆的比较

● 圆弧和椭圆的绘制

画圆弧选用的是 ▷ 命令，该命令组中有7个画圆弧命令。

▶ 命令：圆弧（Arc）▷

圆弧中心点（可塑形的(D)　起点(S)　正切(T)　延伸(X)）:

描述：绘制圆弧命令，需要通过确定圆弧中心、起点、终点等参数位置来确定一条圆弧。

说明：

圆弧：中心点、起点、角度　依次指定圆弧的中心点、起点和圆弧的中心角生成圆弧（图2-46）。

圆弧：起点、终点、通过点　指定圆弧的起点和终点，再指定该圆弧上的任意通过点生成圆弧（图2-47）。

画椭圆选用的是 ⊕ 命令，该命令组中有6个画椭圆命令。

▶ 命令：椭圆（Ellipse）⊕

椭圆中心点（可塑形的(D)　垂直(V)　角(C)　直径(I)　从焦点(F)　环绕曲线(A)）:

描述：绘制椭圆命令与绘制圆命令类似，需要通过确定椭圆中心、焦点、长轴/短轴等参数位置来确定一个椭圆。

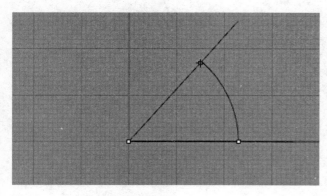

图2-46　中心点、起点、角度

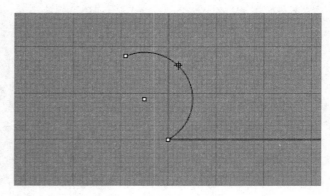

图2-47　起点、终点、通过点

说明：

椭圆：从中心点　指定椭圆的中心点、长轴和短轴的定位点生成椭圆（图2-48）。

椭圆：直径　指定长轴（或短轴）的直径，再指定短轴（或长轴）直径的定位点生成椭圆（图2-49）。

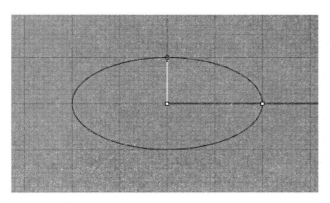

图2-48　从中心点

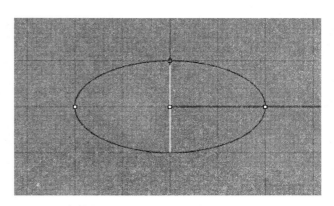

图2-49　直径

2.2.4　矩形

画矩形选用的是□命令，该命令组有5个画矩形命令。

▶ **命令：矩形（Rectangle）□**

矩形的第一角（三点（P）　垂直（V）　中心点（C）　圆角（R））：

描述：建模过程中通常以确定中心点和第一个角点的位置来生成一个矩形。

说明：

矩形：角对角　先后指定矩形对角线上的两个角点生成矩形（图2-50）。

矩形：中心点、角　指定矩形的中心点以及任一角点生成矩形（图2-51）。

> **─ Tip ─**
>
> 圆弧和椭圆的绘制可以利用圆的编辑得到：掌握了绘制圆的方法，再利用一些其他的曲线编辑命令可以同样达到绘制圆弧和椭圆的目的。

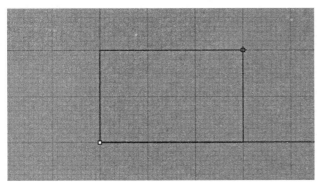

图2-50　角对角

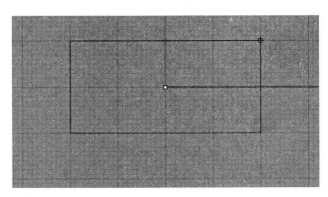

图2-51　中心点、角

说明：

矩形：圆角矩形　与角对角生成矩形类似，但须在最后一步确定圆角的半径（图2-52）。

矩形：三点　先指定矩形任意一边的两个端点，再指定一点（以点到直线段的距离）确定矩形的宽度生成矩形（图2-53）。

2.2.5　多边形

● 多边形的绘制

▶ 命令：多边形（Polygon）⊕

内接多边形中心点（边数(N)=8　外切(C)　边(I)　星形(S)　垂直(V)　环绕曲线(A)）：

描述：绘制正多边形命令，绘制完成的是一个自动组合成一个元素的图形，需要确定中心点、角、边数（图2-54至图2-57）。

说明：

多边形：内切　指定多边形的中心点，内切多边形其角点位于圆周上

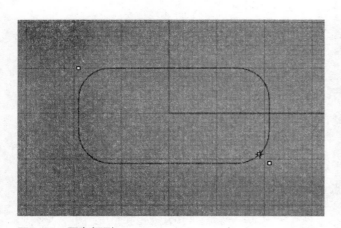

图2-52　圆角矩形

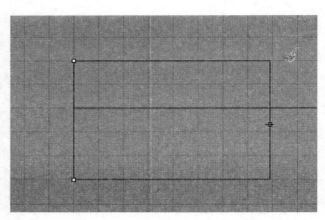

图2-53　三点

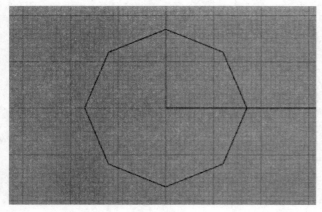

图2-54　中心点、半径

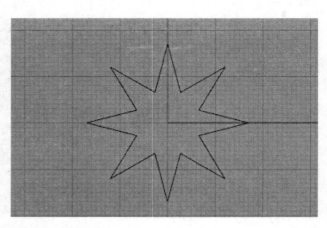

图2-55　星形

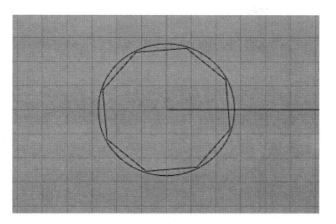

图2-56　内切

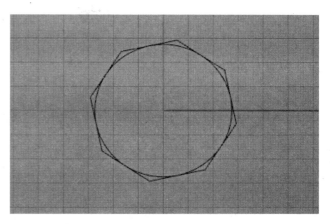

图2-57　外切

（图2-56）。

　　多边形：外切　指定多边形的中心点，外切多边形其每一边的中点位于圆周上（图2-57）。

试一试：

　　>> 分别对各类线的绘制命令进行练习，熟悉直线、曲线、圆（圆弧、椭圆）、矩形、多边形等绘制。

2.3　面的生成

　　当能够自如地画出一条表达设计意图的封闭曲线后，就可以借助不同的"建构面命令"获得曲面模型。比如说，可以通过命令直线挤出（Pause）生成柱型面，将一条曲线沿直线"拉伸"出一个曲面。

　　直线挤出（Pause）这个命令可以在曲面命令组（　）中找到，鼠标单击右下方三角箭头，弹出"建立曲面"窗口，显示出图2-58（1）中的界面，从中可以找到直线挤出（Pause）命令（该方式适用于所有的命令组，即在工具栏中带有下标三角形的按钮）。

　　需要注意的是，在实体命令组（　）中同样可以找到（　）这个图标，如图2-58（2）所示。但此时，该图标对应的命令为挤出封闭的平面曲线（Pause），即在平面内通过一条封闭的平面曲线可"拉伸"出一个实体。而当这条封闭的曲线为空间内的曲线时，即使选择的命令是实体下的（Pause）命令，实际"拉伸"出的仍是曲面（图2-63、

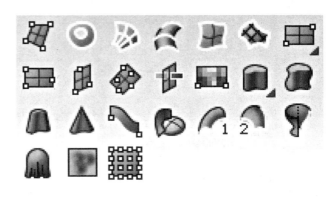

图2-58（1）　曲面命令群组

图2-58（2）　实体命令群组

2-64），即曲面下的（Pause）命令结果。这是曲面与实体命令的兼容性所致。

● 曲面命令组内的Pause命令

▶ 命令：直线挤出（Pause）

描述：使用该命令可以将任意曲线沿着与之垂直的方向拉伸出一个平面（图2-59、图2-60）。

● 实体命令组内的Pause命令

▶ 命令：挤出封闭的平面曲线（Pause）

描述：使用该命令可以将封闭的平面曲线沿着与之任意所绘制的曲线垂直的方向拉伸出一个实体（图2-61至图2-64）。

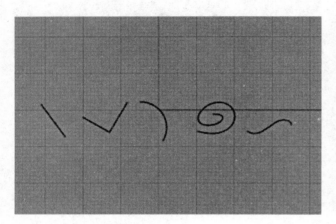

图2-59　在平面内绘制曲线

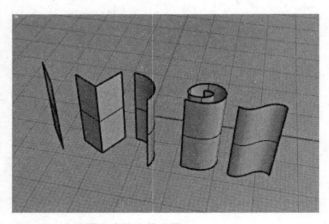

图2-60　由平面曲线挤出的曲面

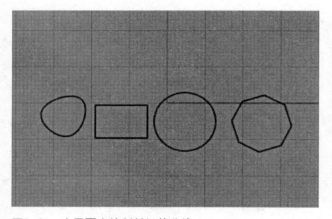

图2-61　在平面内绘制封闭的曲线

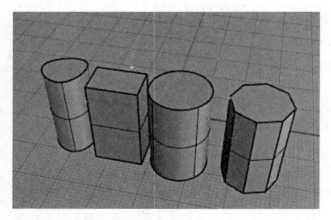

图2-62　由平面内的封闭曲线挤出实体

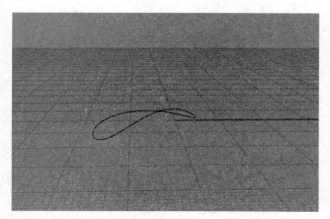

图2-63　在空间内绘制封闭的曲线

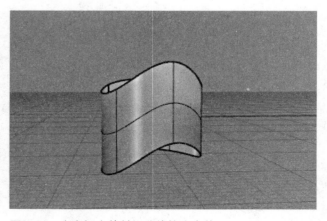

图2-64　由空间内的封闭曲线挤出实体

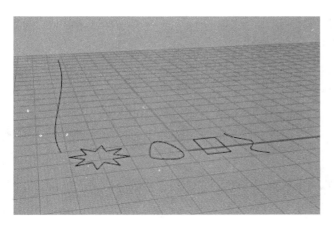

图2-65　绘制曲线与路径曲线

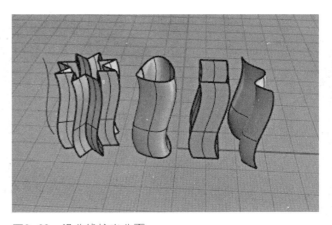

图2-66　沿曲线挤出曲面

图2-67　生成曲面与路径曲线

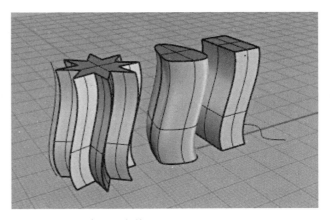

图2-68　沿曲线挤出实体

●相关命令

曲面命令组内的沿着曲线挤出（Pause）▣和实体命令组内的沿着曲线挤出曲面（Pause）▣，是在上述两个命令的基础上添加了一条曲线来替代直线作为挤出路径（图2-65、图2-66）。

注意：使用实体命令组内的沿着曲线挤出曲面（Pause）▣命令时，其对象为封闭的曲面，所"拉伸"出的为实体（图2-67、图2-68）。

曲面生成的命令除了挤出曲线外还有单轨扫掠（Sweep1）▣、双轨扫掠（Sweep2）▣、放样（Loft）▣等。具体的将在第4章中详细展开。

至此，你可能已经感觉到，曲面的生成除了需要熟练运用各种曲面生成命令外，还需要调整好各截面曲线和路径曲线的形状。换言之，由曲线生成曲面的关键在于曲线自身的平滑度。如何熟练掌控内插点（或控制点）准确画出图形是要经过大量练习体验才能掌握的，一般在画出全部轮廓线后，可以用打开点（PointsOn）▣先查看曲线的内插点（或控制点），对形态不满意的地方可以用重建曲线（Rebuild）▣、插入节点（InsertKnot）▣、移除节点（RemoveKnot）▣等命令来调整这些点的位置。在曲率小的区段可以用较少的内插点，在曲率大的区段要用间距较小的内插点。

第三章
曲线的编辑与调整

由线生成面是Rhino建模中最常用的建模方式。构建一个优美曲面的前提是要对建面所用的曲线进行适当的编辑。

使用生成曲线方式绘制线得到的是单一的NURBS曲线，由于单一NURBS曲线的数学性质决定了其表现力有限，而且要对一条复杂的曲线进行调控有时是很花费时间的，在实际建模工作中，大量采用由多条单一曲线构成复合曲线来实现设计要求，Rhino提供了一组对曲线编辑和调整的命令。

专门用于对曲线进行编辑的命令如图3-1所示，另外一些通用编辑命令对曲线编辑也完全适用，组合命令（Join）就是常用的通用编辑命令之一。

下节对常用的线的编辑命令作扼要的介绍，其他命令读者可尝试实践即能逐步理解。

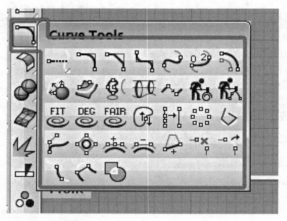

图3-1　曲线圆角命令群组

3.1　曲线编辑命令

▶　命令：偏移曲线（Offset）

描述：该命令可以在选定曲线的一侧按设定的数值生成一条等距线。

附注：这条新生成的线绝不是原曲线的偏距复制而是一条全新的曲线（图3-2）。

▶　命令：延伸曲线（Extend）

描述：该命令可以看作是修剪（Trim）的"反功能命令"，若某线段太短以致达不到边界，则该命令可以使曲线延伸到该边界。

▶　命令：曲线圆角（Fillet）

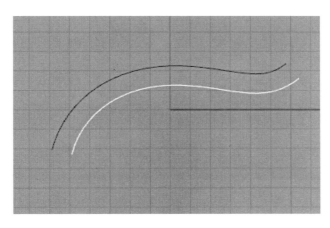

图3-2　偏移曲线

描述：对两条相接的直线或曲线进行等半径的圆滑过渡。

附注：

● 若两条首尾相接的直线或曲线，可以用倒圆角的方式起到光滑过渡的效果，如图3-3（1）所示，但从图中曲率显示可知这种光滑达到的是G1连续。

● 如果两条曲线不相接，同样可以倒圆角，但如果圆角半径小于两线分离距离，软件会"补出"两条与原线相切的直线段以满足倒圆角要求，如图3-3（2）所示，这样生成的复合曲线效果一般较差，一般不为造型设计中所使用。

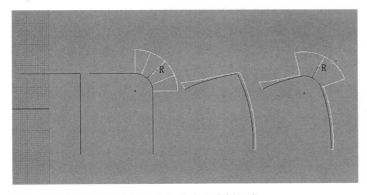

图3-3（1）　两条首尾相接的直线或曲线倒圆角

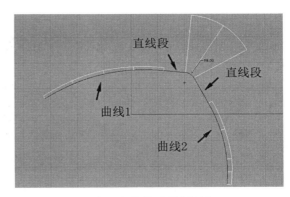

图3-3（2）　两条不相接的曲线倒圆角

● 两条不在一个平面上的空间曲线不能倒圆角。

● 两条在同一平面上的曲线，但所在面不是当前工作面，也不能进行倒圆角（可以将工作面变换到该平面上完成倒圆角）。

▶　命令：混接曲线（Blend）

描述：两条不论是否处于同一平面上的首尾分离的空间曲线均可以进行Blend融合获得光滑过渡效果，"融合"是在两条曲线之间添加一条NURBS曲线，在系统默认参数下可以达到G2连续，如图3-4所示。

▶　命令：可调式混接曲线（BlendCrv）

描述：可编辑的混接曲线命令，一次选中两条曲线后，融合曲线在两端连

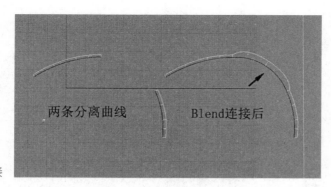

图3-4　两条曲线混接

接点处的曲率可以通过移动控制点分别调整（图3-5、图3-6）。

　　附注：混接曲线后生成的混接曲线的次数会高于二条原始曲线以满足混接要求。

▶　命令：从断面轮廓线建立曲线（CSec）

　　描述：建立通过数条轮廓线的断面线。依次选中绘制的轮廓线，指定来定义断面平面的直线起点和终点，建议开启正交或锁定格点。建立起数条断面曲线后，可通过放样（Loft）等其他命令通过这些断面曲线建立曲面（图3-7、图3-8）。

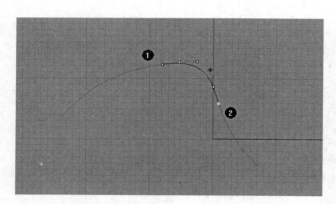

图3-5　两条曲线混接

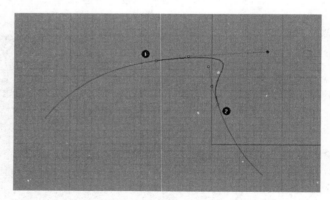

图3-6　调整两端连接点处的曲率

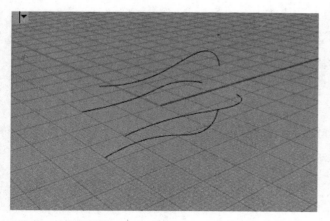

图3-7　绘制轮廓线

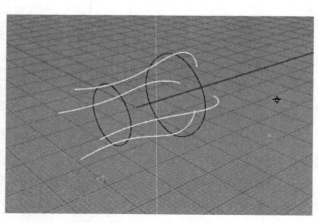

图3-8　选定断面线的起始位置得到曲线

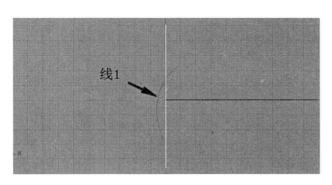

图3-9（1） 空间中相互垂直的两条线线1

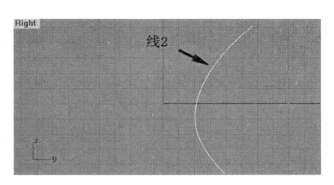

图3-9（2） 空间中相互垂直的两条线线2

▶ 命令：两个视图（Crv2View）🈯

描述：由两个视图上的曲线构成空间曲线。这个命令相当于把两个相互垂直的结构工作面上的两条曲线分别垂直于自己所在的工作面拉伸出两个曲面，这两个曲面在空间的交线即为所生成的空间曲线（图3-9（1）至图3-9（3））。

▶ 命令：非一致性的重建曲线（RebuildCrvNon-Uniform）🈯

描述：一次重建数条曲线。对于开环曲线来说，控制点的数目必须比阶数大1或以上，得到的曲线阶数才会是所设定的阶数。

▶ 命令：曲线布尔运算（CurveBoolean）🈯

描述：该命令即对两条封闭且有交集的曲线做布尔运算，点选需要保留的区域（图3-10、图3-11）。

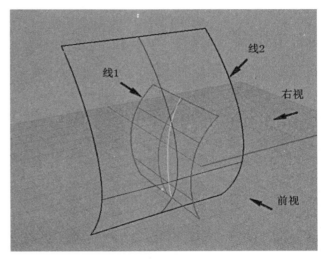

图3-9（3） 由两个视图上的曲线构成空间曲线

- Tip -

两个视图（Crv2View）🈯建立曲线的方式适用于已知一条轮廓线在两个不同方向的样子的情况。可以更方便地建立物体的边缘线。

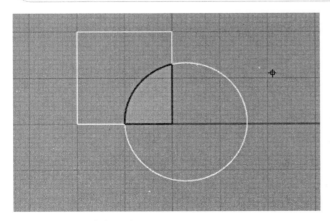

图3-10 选择结合区域

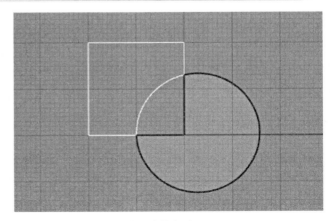

图3-11 选择结合区域以外的部分

3.2　常用通用编辑命令

▶ 命令：修剪（Trim）

描述：当两条曲线（可封闭可打开）互有交集，可用一条曲线作为切割边界，将另一条曲线进行修剪。

附注：在空间即使两条曲线不相交，但在某工作面上的投影是相交的，照样可以对空间曲线进行修剪操作。线与线的端部必须重合才能连接两条曲线，连接后其控制点（或内插点）的数量、位置（次数）将会发生变化以满足连接后的线的形态不变。

》　修剪练习

绘制一个椭圆和矩形，选择要修复掉的曲线时，先标选择边界的那一侧，该侧曲线就被剪掉，尝试选择不同的切割工具对另一条曲线进行切割。

● 图3-12：以椭圆作为切割边界对椭圆内部的矩形部分进行修剪。

● 图3-13：以椭圆作为切割边界对椭圆外部的矩形部分进行修剪。

● 图3-14：以矩形作为切割边界对矩形外部的椭圆部分进行修剪。

● 图3-15：以矩形作为切割边界对矩形内部的椭圆部分进行修剪。

▶ 命令：组合（Join）

描述：将两条曲线组合成一条曲线或是将多个面组合成一个面，其边缘必须相连（对于边缘不相连且相距在一定距离之内（可连接）的物体，使用组合命令会自动将其连接起来）。

附注：封闭的曲线无法组合。

关联命令：

▶ 命令：炸开（Explode）

描述：使用该命令可将组合在一起的物件打散成单个物件 [可理解为组合（Join）的反功能命令]。

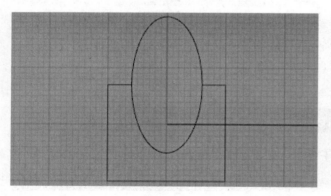

图3-12

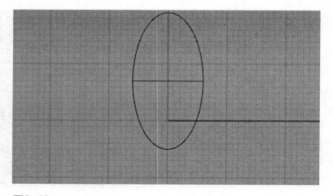

图3-13

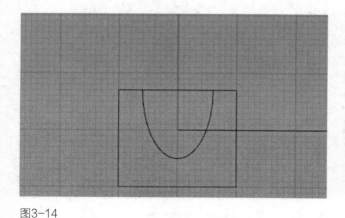

图3-14

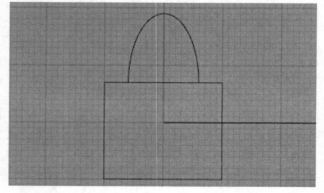

图3-15

>> 案例一：青蛙造型的触摸开关面板设计与建模

图3-16　青蛙触摸开关效果图

所用命令：

● 背景图（BackgroundBitmap）🖼 ● 内插点曲线（InterpCrv）⊡ ● 打开点（PointsOn）🔩 ● 修剪（Trim）✂ ● 组合（Join）🧩 ● 矩形（Rectangle）

⊡ ● 挤出封闭的平面曲线（Pause）📖 ● （实体命令）

操作步骤：

①利用背景图（BackgroundBitmap）🖼（菜单栏：查看-背景图-放置）在Front视窗插入选中的图片，如图3-17所示。

②照着青蛙轮廓用画曲线方式（内插点曲线（InterpCrv）⊡）描摹出青蛙轮廓（尽可能准确），如图3-18所示。

③对描摹好的轮廓打开控制点（PointsOn）🔩进行适当的调整，在一些转折处要分几段绘出以体现原图神韵，如图3-19所示。

④用修剪（Trim）✂ 命令剪切延伸的线段并用组合（Join）🧩 连接成一个元素，如图3-20所示。

⑤画一个长方形（Rectangle）▭ 成为开关面板，如图3-21所示（注意：现在青蛙造型与长方形

图3-17

图3-18

图3-19

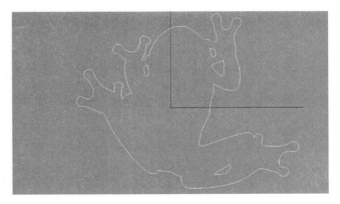

图3-20

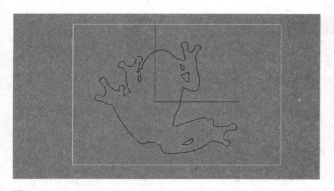

图3-21

图3-22

— Tip —

Alt+方向键或Alt+Page Up/ Page Dn可对物件进行微调，达到同样的移动效果。

在同一个工作面上）。

⑥将青蛙型全部选中，用拉伸实体（Pause）向工作面正向（拉伸值为正）拉伸为实体。将长方形选中，用拉伸实体命令向工作面负向（拉伸值为负）拉伸为实体，如图3-22所示。

⑦通过简单渲染，得到的艺术触摸开关效果图，如图3-16及彩图1左侧所示，变化图如彩图1右侧所示。

▶ 命令：移动（Move）

描述：将物件从一个位置移动到另一个位置。

附注：简单移动时可在物件或控制点上按住鼠标左键并拖曳。

▶ 命令：2D旋转（Rotate）

描述：在该命令项下，选中要旋转的物件，将物件绕着与工作面垂直的中心轴旋转（或直接确定旋转中心和旋转角度），在旋转前若确认复制（COPY）为是，则实现复制旋转。

》 2D旋转练习

操作步骤：

①在Top视窗中绘制图案如图3-23所示。

②选中步骤一绘制的图案，使用2D旋转（Rotate）命令，以原点为中心点，将其旋转180°，选择"复制：否"，结果如图3-24所示。

③重复步骤二的操作，选择"复制：是"，结果如图3-25所示。

补充命令：

▶ 命令：嵌面（Patch）（曲面生成命令）

描述：由封闭曲线建构成一个曲面。一个建面片命令，详细的各种面片建模功能将在后续阐述。在命令项下，一次点选曲线即可生成所要设计的曲面。

图3-23

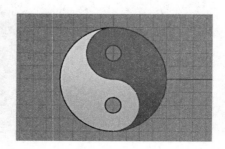

图3-24

图3-25

》 案例二：不锈钢果盘设计与建模

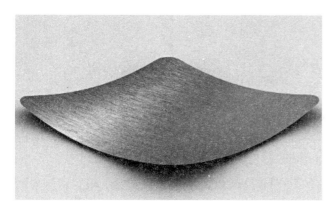

图3-26　不锈钢果盘效果图

所用命令：

●控制点曲线（Curve）　●打开点（PointsOn）　●移动（Move）　●2D旋转（Rotate）　●混接曲线（Blend）　●组合（Join）　●嵌面（Patch）　●（曲面生成命令）

操作步骤：

①在Top视窗中用节点画曲线方式（Curve）画一条水平线，如图3-27所示。

②切换到Front视窗，打开（PointsOn）该曲线的节点显示如图3-28所示。

③开启"正交"模式，将曲线内的两个节点垂直下移（Move）若干距离，如图3-29所示。

④切换到Top视窗，关闭节点显示，用旋转（Rotate）命令，在该命令项下选择曲线，确认后以图中白点为旋转中心，作复制旋转，并一次将旋转获得的曲线用旋转复制两次，如图3-30所示。

⑤依次对相邻曲线作融合（Blend）命令操作并组合（Join）这些曲线使之成为一条复合曲线，如图3-31、3-32所示。

⑥用嵌面（Patch）命令，点选该曲线生成一

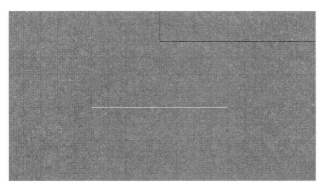

图3-27

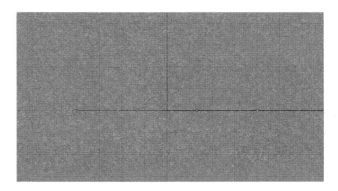

图3-28

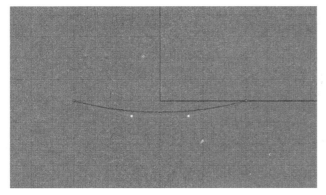

图3-29

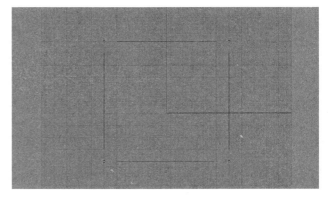

图3-30

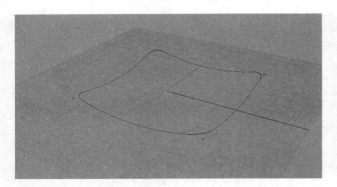

图3-31

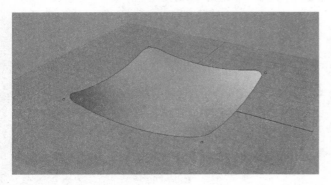

图3-33

个光滑的空间曲面，如图3-33所示。

⑦简单渲染后完成不锈钢果盘的效果如图3-26及彩图2左侧所示，变化图如彩图2右侧所示。

▶ 命令：矩形阵列（Array）▦、环形阵列（ArrayPolar）⚙

描述：

阵列命令是建模的常用命令之一。当需要获取多个相同的对象（包括曲线、曲面和实体）时，简单的复制操作过于繁复，此时可选择阵列命令。

阵列就是将所选定的对象按一定的规律进行排列，在矩形阵列中需要在X轴、Y轴、Z轴中确定所选对象排列的方向，并确定各方向上阵列的个数和间距。环形阵列设定圆弧作为排列的方向，除了确定阵列的个数外，需要确定圆弧的中心点、起点和终点。

》 阵列练习

（1）矩形阵列练习

操作步骤：

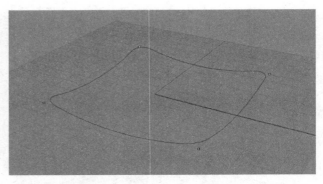

图3-32

①在Top视窗中，绘制一个简单圆形，如图3-34所示。

②对该圆使用矩形阵列（Array）▦，输入阵列个数，先确定X轴、Y轴（2D方向）二轴的阵列方向和间距，如图3-35所示。

③切换到Front视图，在该视图上确定Z轴的阵列方向和间距。为了更直观的编辑阵列的方向，通常会结合Perspective视图一起做位置调整。

④阵列结果如图3-36所示。阵列个数X（3）、Y（4）、Z（2），阵列间距X（30）、Y（30）、Z（40）。

⑤阵列的对象可以是线、也可以是面和体。图3-37是对面进行矩形阵列，图3-38是对体进行矩形

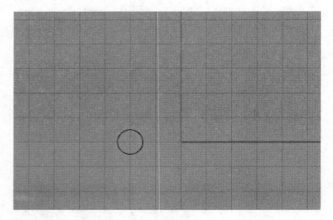

图3-34

> 矩形阵列中确定间距的两种方式：
> ①在指令栏中键入间距，如输入"30"代表正轴方向30个单位，"-30"为负轴方向30个单位。
> ②光标指定一条线段，线段长度为轴向间距，线段起点到终点的矢量方向为阵列方向。
> ③选择单位方块来设定阵列间距和方向。

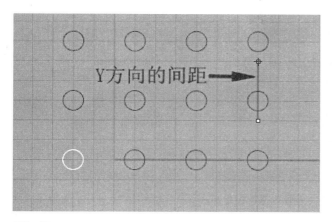

Y方向的间距 →

图3-35

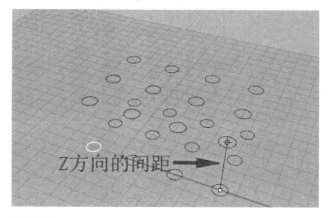

Z方向的间距 →

图3-36

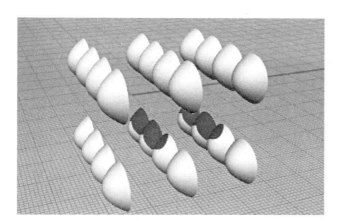

图3-37

图3-38

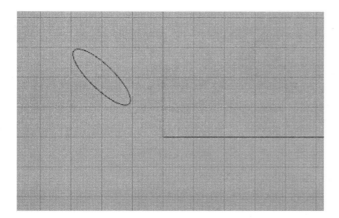

图3-39

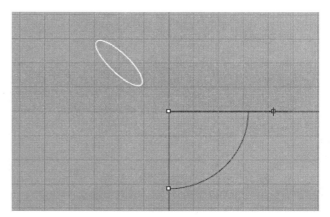

图3-40

阵列（可用于建筑楼层间距及立面效果的规划）。

（2）环形阵列练习

操作步骤：

①在Top视窗中，绘制一个简单椭圆，如图3-39所示，作环形阵列（ArrayPolar）💠。

②在Top视窗中，选择该椭圆后按提示绘制一段

圆弧。设置阵列个数，圆弧弧度即阵列的角度总和，圆弧绘制方向即阵列方向（顺时针/逆时针），如图3-40、图3-41所示。

③图3-42为对曲面做环形阵列（ArrayPolar）💠，图3-43为对曲面做沿着曲线阵列（ArrayCrv）操作。

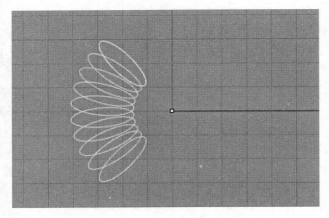

图3-41

– Tip –

环形阵列就是将矩形阵列中需要确定的阵列
方向和间距以圆弧的形式或角度的设置来替代。

阵列对象可以是千变万化的，在设计过程中，可用任何
对象替换掉圆或椭圆，比如，将一把椅子进行矩形阵列
（设置纵横的列数及间距），就可以做会议厅的布置了。

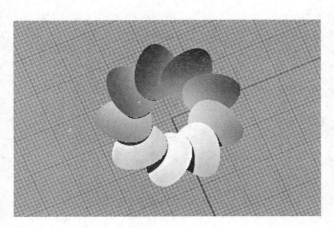

图3-42

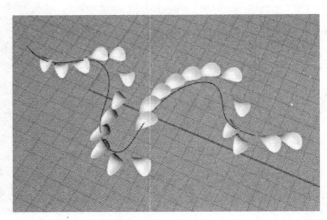

图3-43

补充命令：

▶ 命令：布尔运算联集（BooleanUnion）
（实体命令）

描述：两个相接触的实体，将其合并成一个实体
(先后选取要合并的实体)。

》 布尔运算联集练习

操作步骤：

①绘制一大一小两个有交集的球体（Sphere）
，如图3-44所示。

②分别选中要并集的球体，得到效果如图3-45、
图3-46所示。

关联命令：

▶ 命令：布尔运算差集（BooleanDifference）
描述：两个相接触的实体，将两个实体相减(与

修剪（Trim）类似，先后选取被减实体和用以减
去该实体的物件)。

①选择大球为被减实体，小球为要减去实体的
物件，如图3-47、图3-48所示。

②选择小球为被减实体，大球为要减去实体的
物件，如图3-49、图3-50所示。

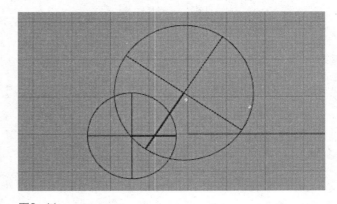

图3-44

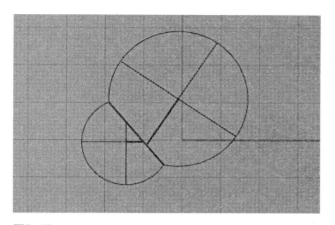

图3-45

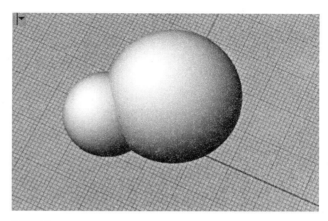

图3-46

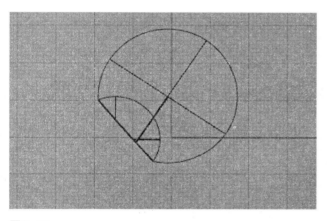

图3-47

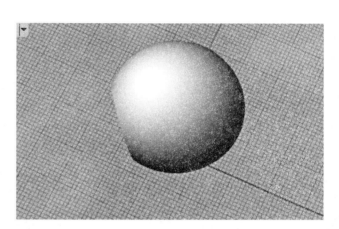

图3-48

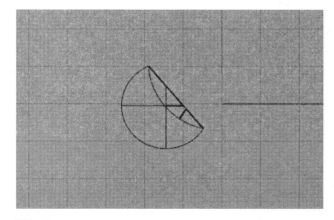

图3-49

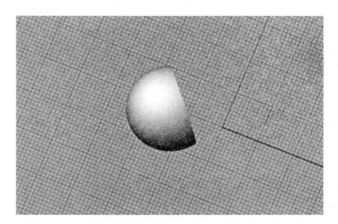

图3-50

　▶　命令：布尔运算交集（BooleanIntersection）

　描述：两个相接触的实体，取它们交集（重合）的部分（先后选取要相交的实体，如图3-51、图3-52所示）。

　▶　命令：布尔运算分割（BooleanSplit）

　描述：两个相接触的实体，以一个实体的边界对另一个实体进行分割［选取要分割的实体，选取切割用的实体，与分割（Split）类似］。

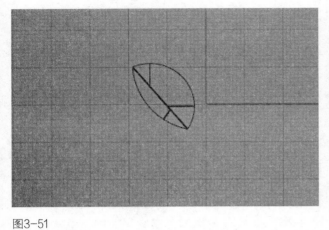

图3-51

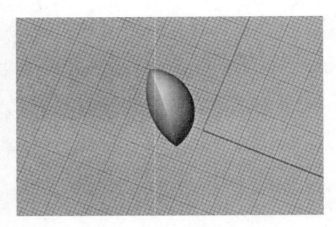

图3-52

①选择小球为要分割的实体，大球为切割用的实体，如图3-53、图3-54
所示。

②选择大球为要分割的实体，小球为切割用的实体，如图3-55、图3-56
所示。

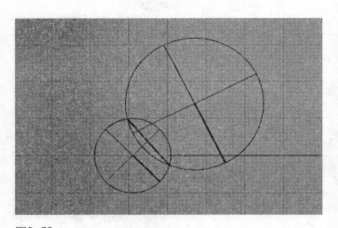

图3-53

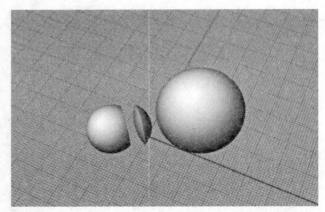

图3-54

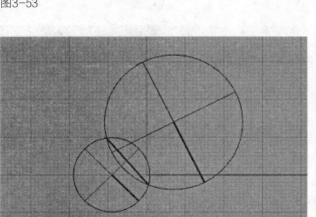

图3-55

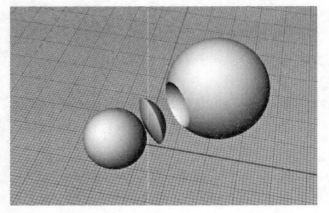

图3-56

》 案例三：树叶形杯垫设计与建模

图3-57　树叶形杯垫效果图

所用命令：

● 背景图（BackgroundBitmap）🖼 ● 内插点曲线（InterpCrv）⟴ ● 偏移曲线（Offset）🖎 ● 延伸曲线（Extend）━ ● 修剪（Trim）🎴 ● 组合（Join）🎨 ● 挤出封闭的平面曲线（Pause）📖 ●（实体

命令）环形阵列（ArrayPolar）🌀 ● 布尔运算联集（BooleanUnion）🎯 ●（实体命令）

操作步骤：

①在Top视窗中导入拍摄的树叶图片（图3-58）。

②将树叶的轮廓和叶筋脉用曲线（InterpCrv）⟴描绘下来（图3-59）。

③移除或隐藏图片，对曲线进行适当的调整，尤其是叶柄，作为功能性产品显得太细，适当放宽一些（图3-60）。

④对所有的曲线用偏移曲线（Offset）🖎命令，若外轮廓线的偏距是向外偏为A，则内部经脉曲线的偏距可以向两侧各偏距A/2，如图3-61所示。

图3-58

图3-59

图3-60

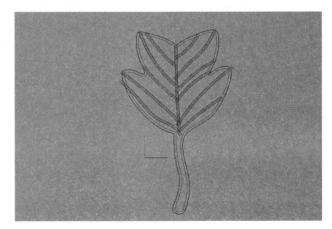

图3-61

⑤有些偏距曲线略短，可以用延伸曲线（Extend）⸺延长命令到边界（图3-62、图3-63）。

⑥至此已经完成了原始图形信息的采集，接着用修剪（Trim）⬚对图形进行修剪，完成的图形如图3-64所示。

⑦去除不必要的图线，将需要的图形组合（Join）⬚起来（图3-65）。

⑧选中全部图形用挤出封闭的平面曲线（Pause）⬚拉伸出实体，如图3-66所示。

⑨选择该实体，用环形阵列（ArrayPolar）⬚命令，在命令项提示下选定一个恰当点为阵列中心，阵列数为8，获得效果如图3-67所示。

⑩可以对这8个实体做布尔联集运算（BooleanUnion）⬚，简单渲染后得杯垫效果图，如图3-57及彩图7所示。

设计拓展

》 对案例三的树叶曲线图形做进一步的思考，尝试能否有新的灵感出现。

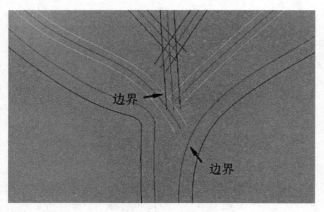

图3-62

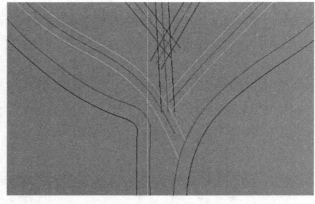

图3-63

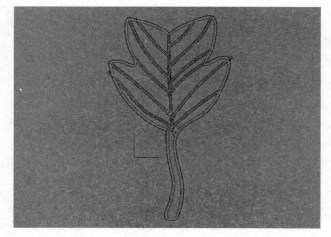

图3-64

图3-65

图3-66

图3-67

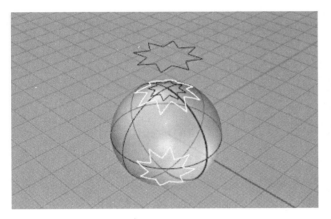

图3-68　投影曲线效果

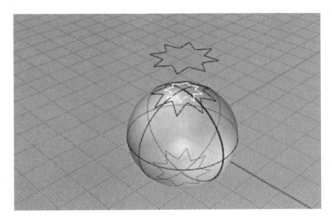

图3-69　拉回曲线效果

▶　命令：投影曲线（Project）

描述：将曲线或点物件往工作平面的方向（即：曲线沿垂直于工作面方向向曲面作投影）投影至曲面上。因此，曲线在投影方向上需要与选取的物件有所交集。

近似命令：

▶　命令：拉回曲线（Pull）

选取要拉至其上的曲面或网格（松弛（L）=否　删除输入物件（D）=否　目的图层（O）=目前的）：

描述：以曲面的法线方向将曲线或点物件拉回至曲面上，可假想为将曲线以最近点吸回到曲面上（图3-68、图3-69）。

附注：无论是投影曲线（Project）还是拉回曲线（Pull），选择松弛意味着将曲线的编辑点拉回至曲面上，曲线的结构完全不会改变，所以曲线可能不会完全服帖于曲面上，当拉回的曲线超出曲面的边界时无法以松弛模式拉回（图3-70至图3-74）。

▶　命令：群组（Group）

描述：该命令将所选中的各个物件组成一个组，对于一个群组中的物件，选中会全部选中，可进行同样的操作。该命令与物件是否为同一属性无关。

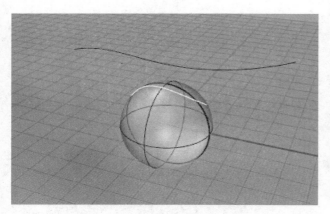

图3-70 在球面上拉回开放的曲线

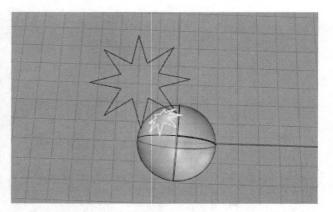

图3-71 在球面上拉回封闭的曲线

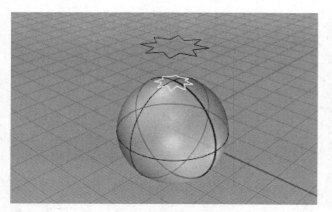

图3-72 (1)拉回曲线Perspective视窗（松弛）

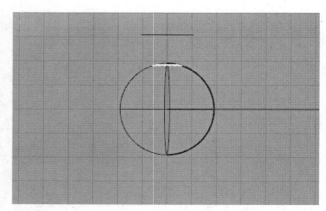

图3-72 (2)拉回曲线Front视窗（松弛）

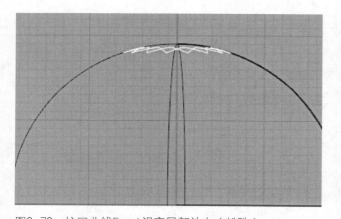

图3-73 拉回曲线Front视窗局部放大（松弛）

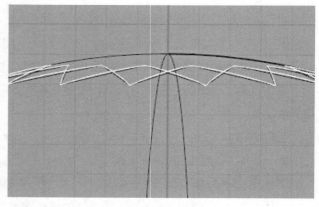

图3-74 松弛模式与非松弛模式曲线

关联命令：

▶ 命令：解散群组（Ungroup）

描述：解除群组物件的群组状态。

▶ 命令：分割（Split）

选取要分割的物件（点(P) 结构线(I)）：

描述：以一个物件去分割另一个物件。对于曲线可指定分割点进行分割，对于曲面还能以曲面自

己的结构线分割曲面（只针对被分割的物件是单一的曲面才有用），如图3-75至图3-78所示。

补充命令：

▶ 命令：旋转成形（Revolve）（曲面生成命令）

描述：该命令通过设定中心轴和旋转角度得到一个旋转体或旋转面。具体将在曲面生成命令中展开。

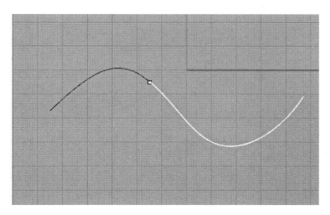

图3-75　点对曲线进行分割

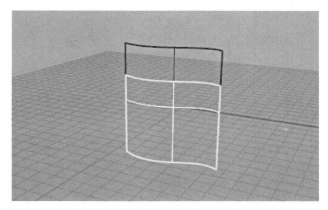

图3-76　曲面自身结构线对曲面进行分割

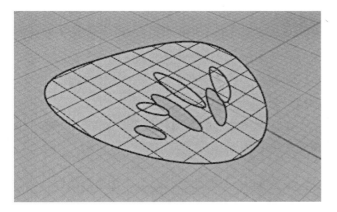

图3-77　对曲面进行分割

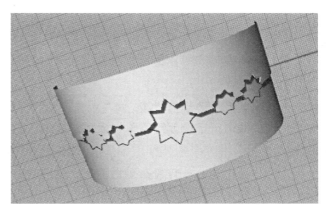

图3-78　"星形"对曲面进行分割

》 案例四：树叶形金属果盘设计与建模

图3-79　树叶形金属果盘效果图

所用命令：

● 环形阵列（ArrayPolar）♣ ● 组合（Join）
♣ ● 旋转成形（Revolve）♥ ● 投影曲线（Project）
🗄 ● 群组（Group）♠ ● 分割（Split）🗄

操作步骤：

① 将案例三中绘制的曲线环形阵列
（ArrayPolar）♣8个，对重叠的曲线稍加编辑如图
3-80所示，注意要确保所有的线都是封闭的，组合
（Join）♣所有的曲线。

② 以图形中的中心作为起点画一条垂直于图
形的直线段，同理，以中心为起点画一条曲线如图

图3-80

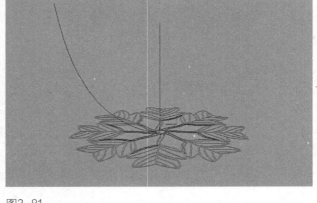

图3-81

3-81所示。

③使用旋转成形曲面（Revolve）🔧，以曲线为轮廓线，以直线为轴，生成一个环形曲面，如图3-82所示。

④使用投影曲线（Project）📦，切换到Top视窗中将封闭曲线进行正投影到环形曲面上，如图3-83所示。

⑤为作图方便，一旦投影到曲面上，这些线还

处于"选中"状态，使用群组（Group）🔩使之成为一个组，使用分割（Split）📐命令以这组投影曲线为边界将环形曲面分离成若干曲面，如图3-84所示。

⑥删除不需要的多余面，完成果盘的造型设计，如图3-85所示。

⑦简单渲染后的金属材质果盘效果，如图3-79及彩图6所示。

图3-82

图3-83

图3-84

图3-85

图3-86

设计拓展

》 应用已经学会的命令，将上述建模过程中的一些元素再加以利用，看看还有多少创意，设计出什么新产品，示范一款如下图3-86所示。

▶ 命令：复制（Copy）🔡

复制的起点（**垂直（V）=否 原地复制（I）**）：

描述：将所选的物件复制。指定物件复制的起点和终点，以一条直线表示。垂直是往当前工作平面垂直的方向复制物件；原地复制指的是在当前位置复制物件。

说明：

复制：垂直（否） 在平面内复制物件，有时可达到2D旋转的效果（图3-87）。

复制：垂直（是） 空间内垂直方向上的复制（图3-88）。

补充命令：

▶ 命令：平面洞加盖（Cap）📐（曲面生成命令）

描述：以平面填补曲面或多重曲面上边缘为平面的洞。

附注：洞的边缘必须是封闭而且是平面的才可以填补。

▶ 命令：双轨扫掠（Sweep2）📐（曲面生成命令）

描述：设定两条扫掠轨道，结合断面曲线，可以扫掠出一个曲面。具体将在曲面生成命令中展开。

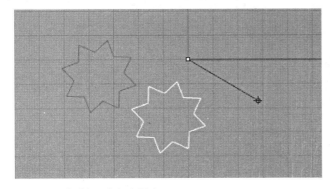

图3-87 复制：垂直（否）

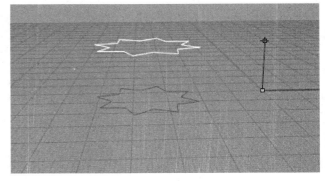

图3-88 复制：垂直（是）

》 案例五：鼓凳设计与建模

图3-89　鼓凳效果图

所用命令：

● 复制（Copy）▦ ● 重建曲线（Rebuild）▦ ● 单轴缩放（Scale1D）▦ ● 布尔运算联集（BooleanUnion）▦（实体命令）● 环形阵列（ArrayPolar）▦ ● 移动（Move）▦ ● 分割（Split）▦ ● 双轨扫掠（Sweep2）▦（曲面生成命令）● 组合（Join）▦ ● 平面洞加盖（Cap）▦（曲面生成命令）● 直线挤出（Pause）▦（曲面生成命令）

操作步骤：

①开启锁定格点，在Top视窗中以原点为中心，用坐标输入或光标拖曳的方式确定半径画一个圆，如图3-90所示。

②切换到Front视窗，将该圆垂直向下复制（Copy）▦一个，如图3-91所示。

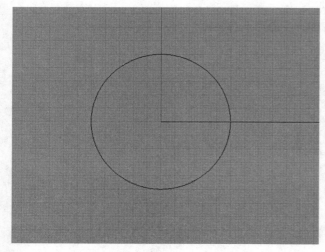

图3-90

图3-91

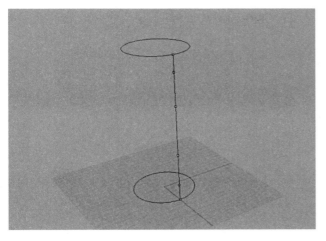

图3-92

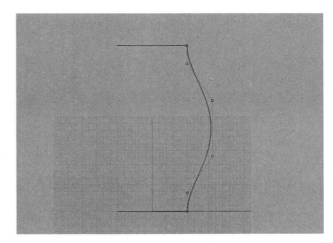

图3-93

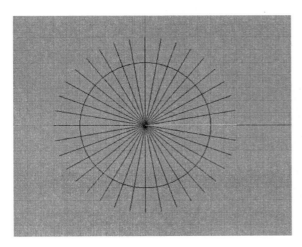

图3-94

图3-95

③开启捕捉四分点，沿两个圆的四分点（QUA）为起末点用曲线（Curve）📐画线命令画一条直线，打开重建曲线（Rebuild）🔧，设置该线的控制点数为6，并打开点（PointsOn）🔦（图3-92）。

④开启正交模式，水平调整控制点的位置，如图3-93所示。

⑤切换到Top视窗，以圆心为中心画一条水平直线，并环形阵列（ArrayPolar）✷该直线，阵列数为36个，如图3-94所示。

⑥将步骤五绘制的曲线复制（Copy）📑到圆与直线的交点，如图3-95所示。

⑦以这两条曲线为边界，分离（Split）🔧上下两个圆为两段圆弧，如图3-96所示。

⑧使用双轨扫掠（Sweep2）🔗做出曲面，如图3-97所示。

⑨将该曲面以圆心为中心，环形阵列（ArrayPolar）✷18个，如图3-98、图3-99所示。

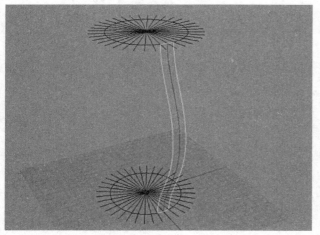

图3-96

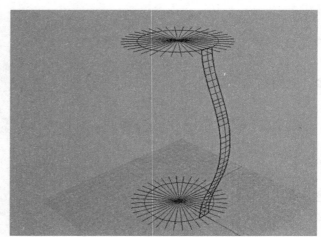

图3-97

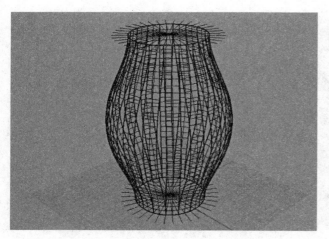

图3-98

图3-99

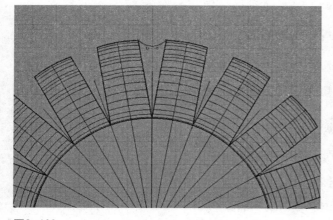

图3-100

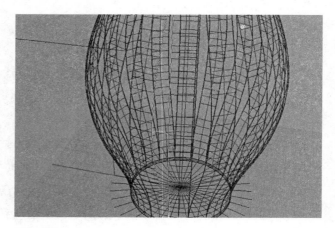

图3-101

⑩切换到Top视窗中，捕捉两边界线的切点（tan）画一条曲线并开启正交模式将控制点下移（Move）⬚一段距离，如图3-100所示。

⑪以曲面两侧边界线为导轨，以刚刚画好的曲线为断面曲线，应用双轨扫掠（Sweep2）⬚得扫掠曲面，如图3-101、图3-102所示。

⑫在Top视窗中，选中该扫掠曲面，以圆心为中心，环形阵列36个，如图3-103所示。

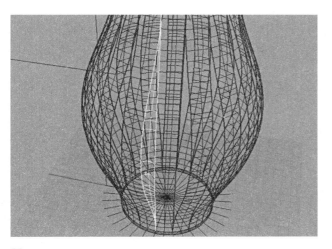

图3-102

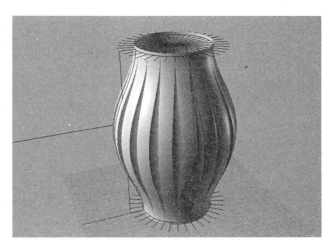

图3-103

图3-104

图3-105

⑬至此，主要工作已经完成，将上下两个圆分别向外拉伸（直线挤出（Pause）🔲一段距离，上下封盖（Cap）🔲，选中全部进行组合（Join）🔧，得到一个真正的实体，如图3-104所示。也可以在组合（Join）🔧前给独立的面片赋予不同的颜色或纹理模拟类似油漆或某种材质，如图3-105所示。

设计拓展

》 在建模的每个环节，调整曲线，可以获得不同的最终效果，进行适当渲染，如图3-89、图3-106及彩图12和彩图13所示。

▶ 命令：单轴缩放（Scale1D）🔳

描述：在指定方向缩放选取的物件，如图3-107所示。选择要缩放的对象，选择一个缩放的基点，第

图3-106

一点为缩放的参考轴（以哪个方向进行缩放变形），第二点为缩放到的位置，如图3-108所示。

关联命令：

▶ 命令：三轴缩放（Scale）🔳

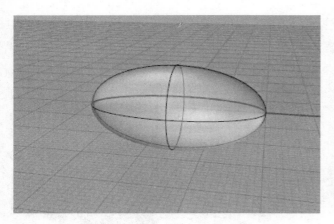

图3-107 要缩放的物件

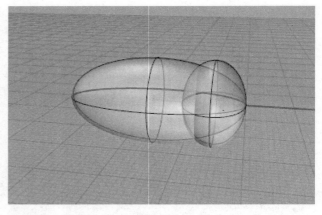

图3-108 单轴缩放（复制：是）

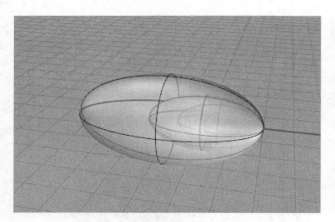

图3-109 三轴缩放（复制：是）

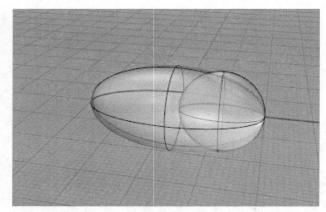

图3-110 二轴缩放（复制：是）

描述：在工作平面的 X、Y、Z 三个轴向上以同比例缩放选取的物件。需要指定缩放原点，输入缩放比或指定两个参考点，如图3-109所示。

▶ 命令：二轴缩放（Scale2D）▣

描述：在工作平面的 X、Y 两个轴向上以同比例缩放选取的物件，如图3-110所示。

▶ 命令：不等比缩放（ScaleNU）▣

描述：在 X、Y、Z 三个轴向上以不同的比例缩放选取的物件。

▶ 命令：镜像（Mirror）▨

镜像平面起点（三点(P) 复制(C)=是 X轴(X) Y轴(Y)）：|

描述：将一个物件以轴或平面进行"对称（翻折）"，如同照镜子一般，如图3-111至图3-113所示。

图3-111 选择物件

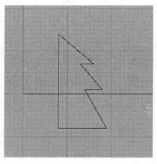

图3-112 沿y轴（不复制）

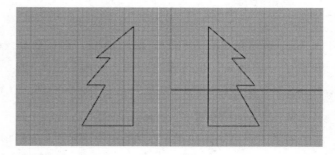

图3-113 沿y轴（复制）

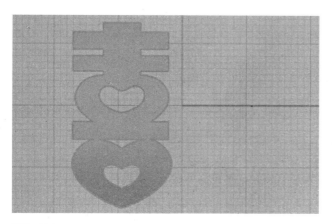

图3-114

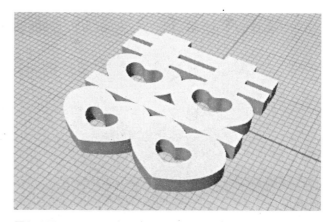

图3-115

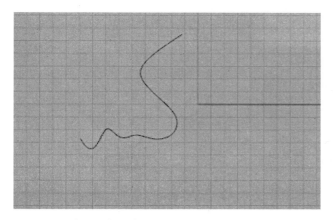

图3-116　绘制一条曲线

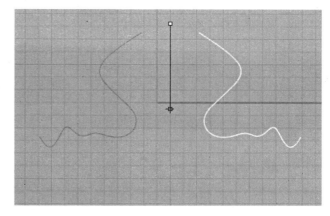

图3-117　选择对称轴

》 镜像练习

操作步骤：

①在Top视窗中绘制图案如图3-114所示。

②选中步骤一绘制的图案，使用挤出封闭的平面曲线（Pause）▣"拉伸"出一个实体。

③选中步骤二生成的实体，镜像（Mirror）▧，选择"复制：是"，结果如图3-115所示。

近似命令：

▶ 命令：对称（Crv）⛰

对称平面起点（连续性 ©=平滑）：

描述：该命令与镜像（Mirror）▧命令有很大的相似性。通过绘图技巧可实现部分功能的转换。该命令中"连续性：平滑"模式较为特殊，选择该模式后，经过对称后的开放曲线能与原曲线自动相连（有点类似于多重直线中选择"持续封闭"的效果），如

图3-116至图3-118所示。

补充命令：

▶ 命令：单轨扫掠（Sweep1）⋒（曲面生成命令）

描述：只有一条扫掠轨道，结合断面曲线，可以扫掠出一个曲面。具体将在曲面生成命令中展开。

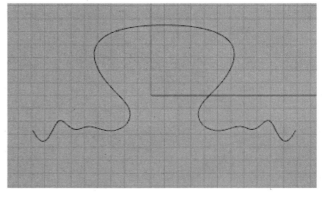

图3-118　选择对称轴（连续性：平滑）

》 案例六：软体沙发设计与建模

图3-119 软体沙发效果图

所用命令：

● 复制（Copy）🔡 ● 镜像（Mirror）🔼 ● 单轴缩放（Scale1D）🔢 ● 2D旋转（Rotate）🔁 ● 环形阵列（ArrayPolar）⚙ ● 单轴扫掠（Sweep1）🔾（曲面生成命令）

操作步骤：

①在Top视窗，画一个大圆，以大圆1/4（QUA）点为圆心画一个小圆，同理在180度位置复制（Copy）🔡一个，如图3-120所示。

② 将左侧小圆以圆心为基点单轴放大（Scale1D）🔢，如图3-121所示。

③切换到Right视窗，同时选中小圆和椭圆，以圆心为中心旋转（Rotate）🔁90度如图3-122、图3-123所示。

④选中小圆和椭圆，沿大圆圆周环形阵列（ArrayPolar）⚙各5个，如图3-124所示。

⑤以大圆为轨道曲线，一次选各小圆和椭圆作为扫掠曲线作单轨扫掠（Sweep1）🔾，如图3-125所示。

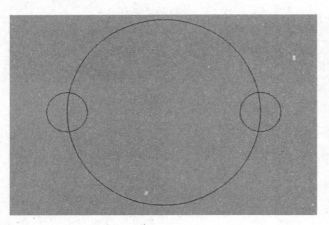

图3-120

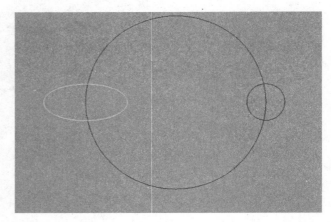

图3-121

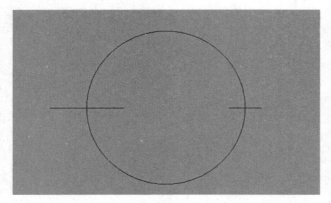

图3-122

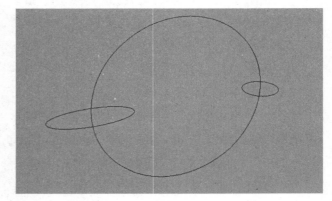

图3-123

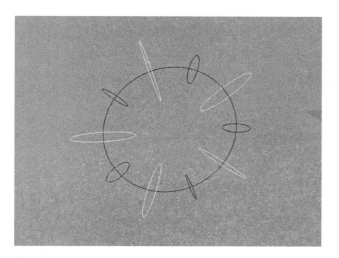

图3-124

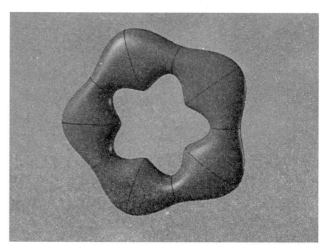

图3-125

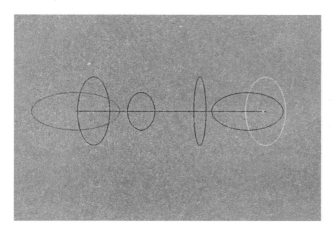

图3-126

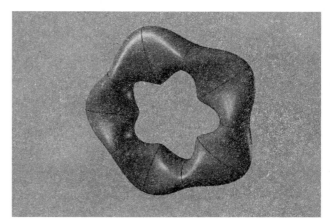

图3-127

设计拓展

》 如果在环形阵列前将右侧小圆向垂直方向作单轴放大，则得到的立体效果又有新的趣味了，如图3-126、图3-127所示。

》 如果改变轨道曲线或对扫掠曲线替换为其他形态，则立体效果会更丰富多彩，如图3-119和彩图4所示。

▶ 命令：分析方向（Dir）

描述：显示与编辑物件的方向。

附注：对于封闭的曲面、多重曲面与挤出物件的法线方向只能朝外，如图3-128、图3-129所示。

试一试（曲面开槽）：

①绘制一个曲面和一根圆管。以此圆管对曲面进行开槽（图3-130）。

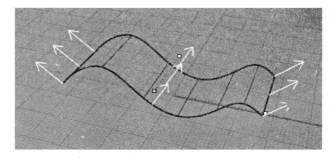

图3-128　分析方向（正常）

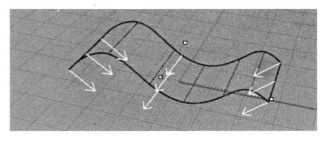

图3-129　分析方向（反转）

在曲面与实体的建模过程中，需要特别注意物件的法线方向。分析方向（Dir）命令在简单模型的处理中作用并不大。但在复杂模型的处理时，对物件方向性的忽视可能会造成建模失败，比如在对实体进行布尔减（BooleanDifference）时出现了布尔加（BooleanUnion）的效果，这是由于物件的实际方向与设计者的判断相左，此时，使用分析方向（Dir）命令能使方向反转、验证判断、辅助建模。

②分别选中曲面和圆管，使用布尔运算差集（BooleanDifference）命令进行操作。理想效果是得到一个开槽了的曲面，而实际上显示出布尔运算联集（BooleanUnion）的效果，如图3-131所示。

③撤销上一步操作，点击分析方向（Dir）命令，查看曲面的方向，方向朝下，意味着曲面的下部为正（即是对曲面下部做的布尔减，因此，将步骤②的曲面翻过来就呈现出布尔减的效果了），如图3-132、图3-133所示。

④反转曲面方向，使上部曲面为正，重复步骤②的操作。即可获得想要的效果，一个开好槽的曲面完成！如图3-134、图3-135所示。

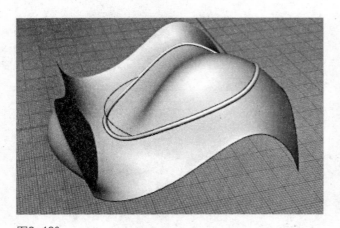

图3-130

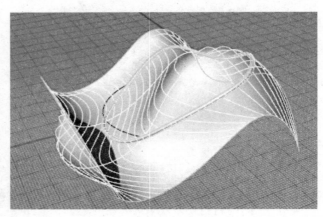

图3-131

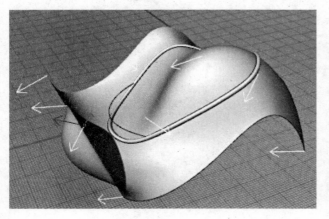

图3-132

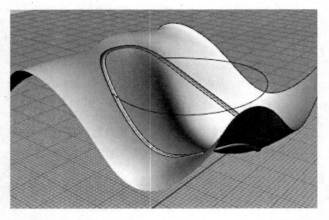

图3-133

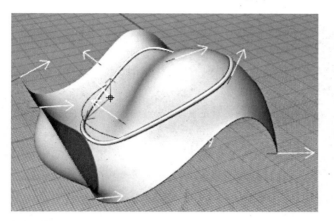

图3-134

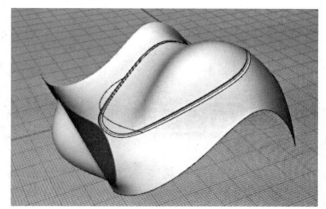

图3-135

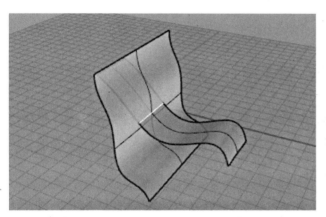

图3-136　空间内曲面交集

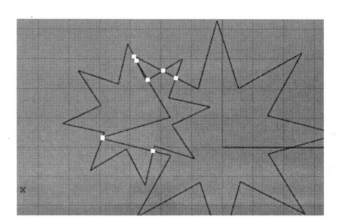

图3-137　平面内曲线交集

▶　命令：物件交集（Intersect）

描述：以两条曲线或两个曲面交集的位置建立点或曲线。该命令是重要的辅助建模命令，比如，在使用从网线建立曲面（NetworkSrf）命令（后述）建立曲面时要求纵横交错的线条有所交汇，此时，便可利用线与线的物件交集为点的特性查看纵横线是否相交（若相交则显示交点，若不相交则在指令窗口提示物件无交集），如图3-136、图3-137所示。

本处"曲面"的概念包含平面，除了由3点（或4点）构成平面外，在生成曲面命令群中，一般的曲面是由形成封闭的曲线构成的，因此曲面形态与这些封闭曲线密切相关。

构成曲面的曲线可以是平面曲线或空间曲线，但需要确保封闭，否则无法生成曲面。

一般认为"扫掠"是建立曲面的基本思想，一条曲线沿着另一条曲线运动走过的轨迹就能形成一个曲面。例如，球面可以认为是半圆绕整圆扫掠形成的；圆柱是整圆沿直线或直线沿整圆扫掠形成的，如图4-1、图4-2所示。

在上一章节，读者或许已经感受到，对于曲线的编辑与调整有助于生成一个优美的曲面，对曲面生成命令的熟练掌握能够更高效的辅助我们快速建模。本章将对常用的曲面生成命令（见图4-3）详细讲解。

▶ 命令：单轨扫掠（Sweep1）

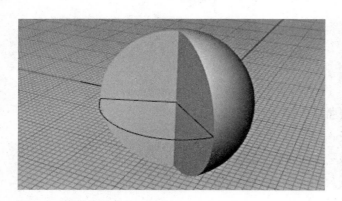

图4-1　球面的形成

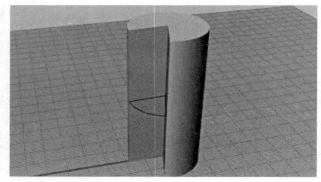

图4-2　圆柱的形成

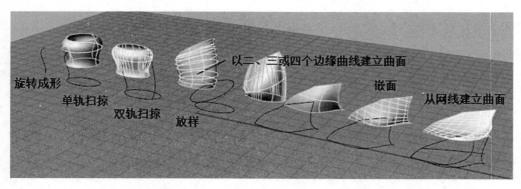

旋转成形
单轨扫掠
双轨扫掠
放样
以二、三或四个边缘曲线建立曲面
嵌面
从网线建立曲面

图4-3　常用曲面生成命令

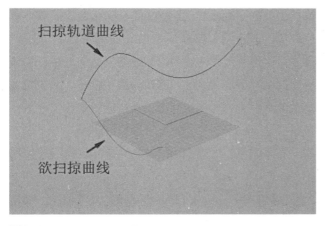

扫掠轨道曲线

欲扫掠曲线

图4-4

扫掠曲线沿着扫掠轨道扫掠的规则：

扫掠曲线"计算出"与轨道切线端点处的夹角，然后在扫掠的任何一个位置都与该点处的切线保持这个夹角不变完成扫掠如图4-4所示，注意，生成的曲面的两个边界与扫掠曲线和扫掠轨道曲线重合（在软件默认公差范围内），另外两条边界是由软件算法生成的，一般无法精确预见。

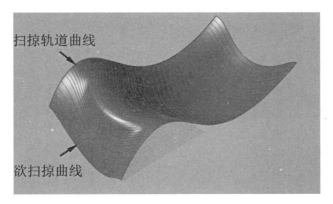

扫掠轨道曲线

欲扫掠曲线

图4-5（1）

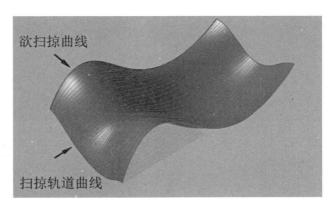

欲扫掠曲线

扫掠轨道曲线

图4-5（2）

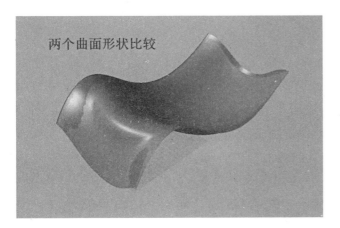

两个曲面形状比较

图4-6（1）

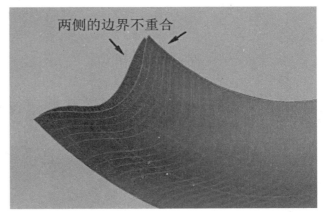

两侧的边界不重合

图4-6（2）

描述：构建扫掠路径，选择扫掠截面，轨道曲线和扫掠曲线均可以是封闭曲线。

》 单轨扫掠练习

操作步骤：

①用曲线命令画两条曲线，有一个端点重合如

图4-4所示，选定一条为扫掠曲线，另一条当作扫掠"轨道"。

②交换两条曲线的功能，扫掠后的曲面如图4-5（1）、图4-5（2）所示。

③重合上述生成的两个曲面，可以看到这两个曲面是不相同的如图4-6（1）所示，特别是在边界处如图4-6（2）所示。这是因为上述所述的扫掠规

则造成的，因此初学者要特别关心到即使两条曲线，选用用于轨道的曲线不同，生成的曲面也不相同。

④单轨扫掠中，扫掠曲线的数量不受限制，如图4-7（1）、图4-7（2）所示。

⑤有时候，根据两条曲线生成的曲面会自我交

叉穿透成为"破面"，不用惊慌，软件是按算法（上述说的"规则"）建模的，没有任何错误。"破面"是因为构建的两条曲线的形状或相互之间的位置（或角度关系）不当造成的，修改好曲线就行。单轨扫掠常常用于生成异形管状曲面，封口后就成为实体。

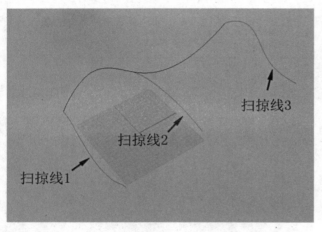

图4-7（1）

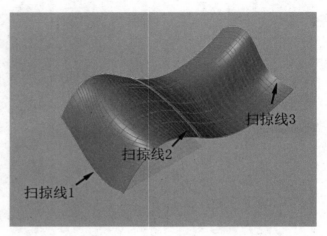

图4-7（2）

》 案例七：窗格设计与建模

所用命令：

● 单轴缩放（Scale1D） ● 修剪（Trim） ● 挤出封闭的平面曲线（Pause） （实体命

令）平移（Move） ● 镜像（Mirror） ● 复制（Copy） ● 2D旋转（Rotate） ● 组合（Join） ● 布尔运算联集（BooleanUnion） （实体命令）单轨扫掠（Sweep1）

操作步骤：

①在Top视窗中，开启网格捕捉模式，绘制一个圆和一个矩形，如图4-9所示，这是窗格小木挡的截面形状，可按设计尺寸输入。

②以圆心为中心，将两者单轴缩放（Scale1D） ，如图4-10所示｛注：亦可使用画椭圆方法［椭圆（Ellipse） ］，一步完成以上两步操作｝。

③使用修剪（Trim） 剪掉半个椭圆，将两条曲线组合（Join） 在一起形成封闭曲线（图4-11）。

④切换到Front视窗，在建立实体命令集下调用

图4-8　窗格渲染图

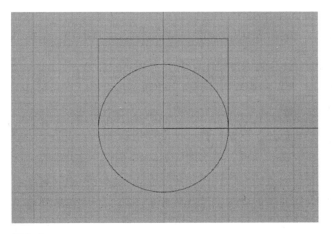

图4-9

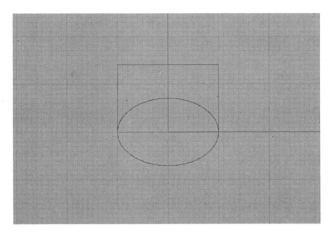

图4-10

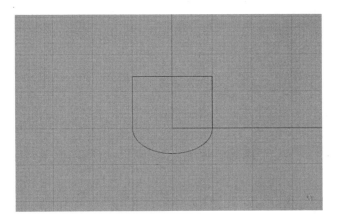

图4-11

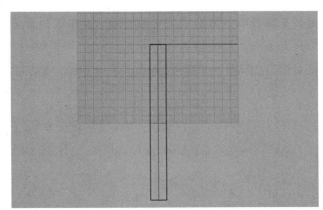

图4-12

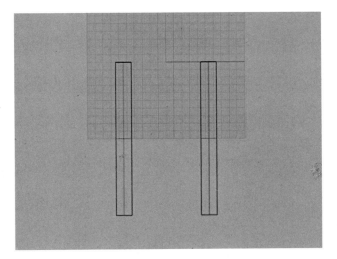

图4-13

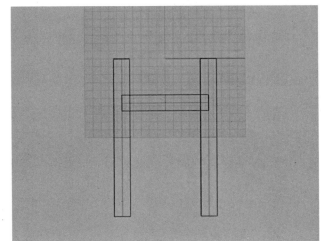

图4-14

挤出封闭的平面曲线（Pause）⬛，将该封闭曲线拉伸到尺寸成为一个实体（图4-12）。

⑤水平平移（Move）⬛实体一段距离，以过工作面原点的垂直线为对称轴，镜像（Mirror）⬛该实体。（图4-13）

⑥复制（Copy）⬛该实体，旋转（Rotate）⬛90度，沿X方向单轴缩放（Scale1D）⬛并平移（Move）⬛到如图4-14所示位置。

⑦将该实体对称镜像（Mirror）⬛（图4-15）。

⑧选中所有元素，使用布尔运算联集（布尔加）

（BooleanUnion）使之成为一体。至此，完成窗格的一个基本单元（图4-16）。

⑨选中该实体，应用旋转复制（Rotate）（旋转命令中选择复制方式），然后平移到如图4-17所示位置。

⑩将所生成的实体排列复制（Copy），适当调整（图4-18）。

⑪根据需要达到的效果进行镜像复制（Mirror），打开透视图中的渲染模式，如图4-19、图4-20所示。

⑫绘制一个矩形（Rectangle）作为窗框基准线，选择步骤③做好的窗格截面图形，将该截面图形移动到适当的位置并进行适当的放大，作为外框的截面，应用单轨扫掠（Sweep1）后的结果如图

4-21所示。

⑬选中全部实体进行布尔运算联集（Boolean-Union）操作使之成为一个实体（图4-22）。

⑭简单渲染得到窗格效果图见图4-8及彩图8。

▶ 命令：双轨扫掠（Sweep2）

描述：双轨扫掠就是由两根轨道曲线共同制约曲面形态。同样，扫掠曲线的数量不限，按常见的设计曲面，双轨扫掠的起始扫掠线和末端扫掠线的各端点与两导轨曲线的端点位置是重合的。在选择导轨曲线时要在曲线靠近同一侧点选，这涉及线段的起点与末点概念。与单轨扫掠相比，双轨扫掠更具有可控性，对各种曲面的表现力也强得多，是设计中常用的曲面建模方式之一。

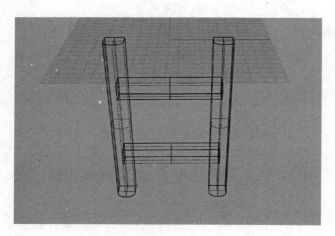

图4-15

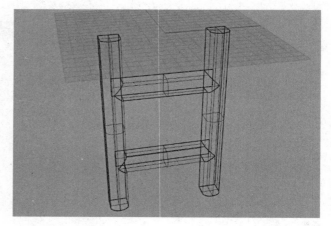

图4-16

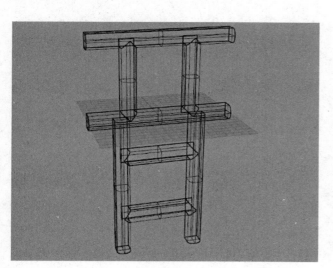

图4-17

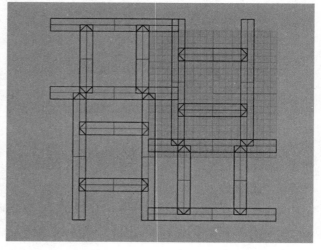

图4-18

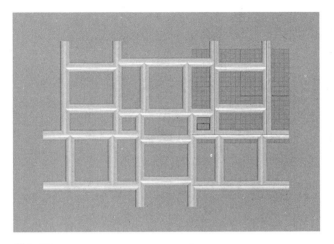

图4-19

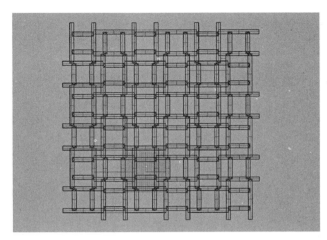

图4-20

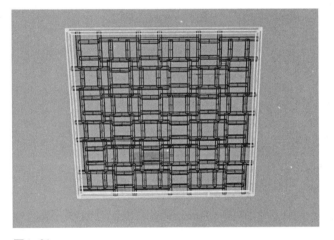

图4-21

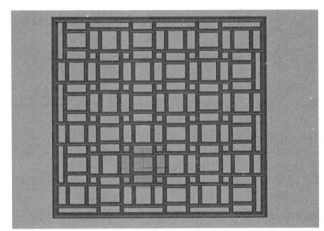

图4-22

》 双轨扫掠练习（制作一个简易底座）

操作步骤：

①在Top视窗中，开启网格捕捉模式，应用椭圆（Ellipse）命令和圆（Circle）命令画一个椭圆和圆，如图4-23所示。

②切换到Front视窗，将圆垂直向上移动（Move）圆到一段距离，如图4-24、图4-25所示。

③开启捕捉模式，捕捉两元素的QUA点应用曲线画线命令画两条直线，重建曲线（Rebuild），将左侧线的点数调整为6，右侧保持（默认值4不变），如图4-26所示。

④调整左右两侧线的控制点，如图4-27、图4-28所示。

⑤使用双轨扫掠（Sweep2），选中这两条线

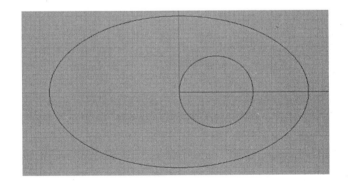

图4-23

图4-24

图4-25

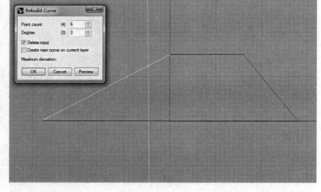

图4-26

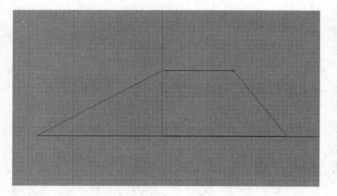

图4-27

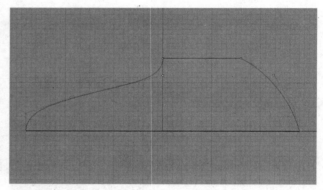

图4-28

作为轨道曲线，圆和椭圆为截面扫掠线进行扫掠，一个底座的基本造型完成，如图4-29、图4-30所示。

》 设计拓展

①如果将右侧曲线在某处用修剪（Trim）割掉一段，打开点（PointsOn）命令调整上段曲线的控制点，再应用可调式混接曲线（BlendCrv）与下方曲线作融合并连接为一条复合曲线，如图4-31所示。

②同样用双轨扫掠（Sweep2）完成曲面，这个曲面上的一部分产生了渐消的效果，如图4-32所示。

注意：为了确保连接后的线在公差范围内与原三条线的位置重合，必须增加节点的数量，由此系统产生的复合曲线是5次的。

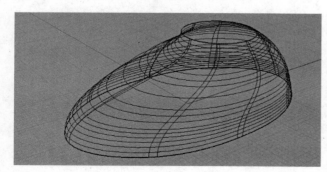

图4-29

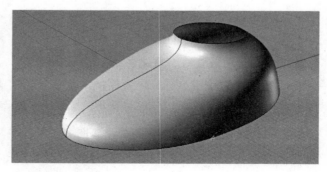

图4-30

③继续增加一条扫掠曲线。完成双轨扫掠（Sweep2）后可以看到右侧的"台阶"形曲面在向左渐变过程中受到了增加的扫掠曲线的制约，增加扫掠曲线对曲面变化具有了更大的掌控性，如图4-33、图4-34所示。

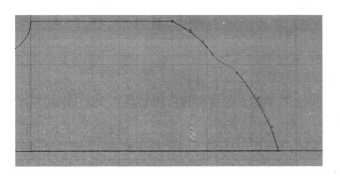

图4-31

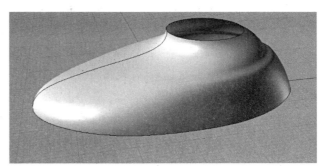

图4-32

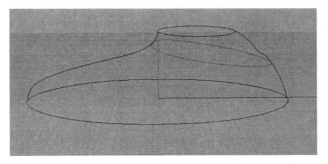

图4-33

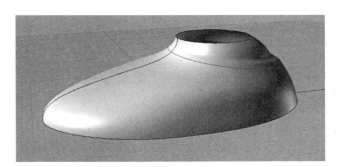

图4-34

> 注意：NURBS曲线虽然具有较好的局部可调控性，但由于算法问题，如果截面扫掠曲线形态差异大间距又过小，得到的曲线将不会是预想中的效果，这需要作一些建模联系后方能感悟并掌握之。

练习：运用单轨扫掠，双轨扫掠设计一把潘顿椅

》 案例八：潘顿椅建模

图4-35 潘顿椅效果图

所用命令：

● 镜像（Mirror） ● 直线挤出（Pause）● 投影曲线（Project） ● 组合（Join） ● 单轨扫掠（Sweep1） ● 双轨扫掠（Sweep2）

操作步骤：

①在Front视窗中，使用画曲线命令（Curve）绘制出椅子的侧面轮廓线，如图4-36所示。

②切换到Right视窗，在比轮廓线略低的位置画出椅子一半正面轮廓线，注意绘制好曲线形状后打开控制点（PointsOn）🖋，将曲线在最高点的切线调整到水平，并水平镜像（Mirror）⚖的结果如图4-37所示。

③切换到Front，将椅子的侧面轮廓线拉伸（Pause）🖼（双向）出一个面，如图4-38所示。

④切换到Right图，将正面轮廓线投影（Project）🗄到该面上获得椅子的轮廓边缘线，如图4-39所示。

⑤沿着轮廓边缘线，在一些能反映特征位置处绘制出几条扫掠线，如图4-40所示。

⑥利用这些曲线应用双轨扫掠（Sweep2）🗝绘制出椅子的主体造型，如图4-41所示。

⑦将椅子步骤⑥两条路径曲线组合（Join）🖧为一条复合曲线，在其上下左右4个位置画出"翻边"曲线，如图4-42、图4-43所示。

⑧单轨扫掠（Sweep1）🖋出椅子边缘的翻边，如图4-44、图4-45所示。

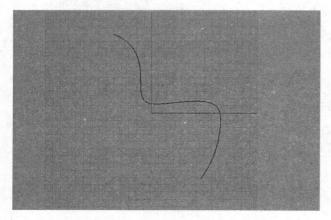

图4-36

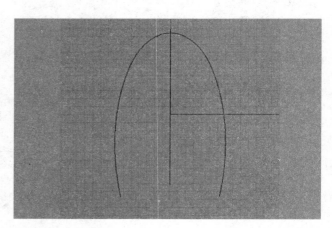

图4-37

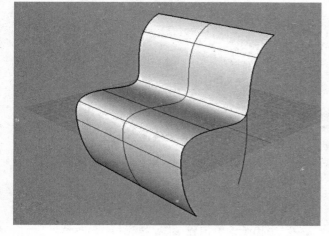

图4-38

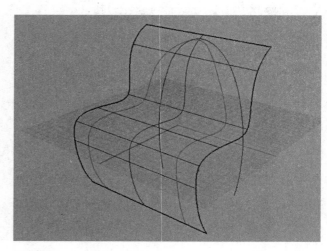

图4-39

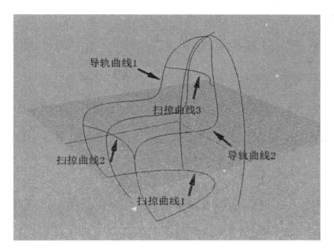

图4-40

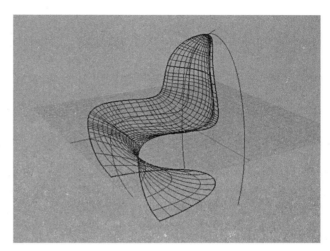

图4-41

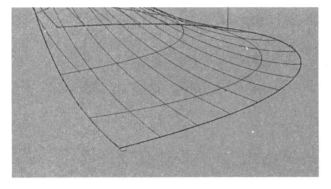

图4-42

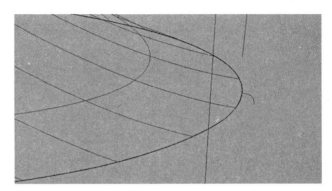

图4-43

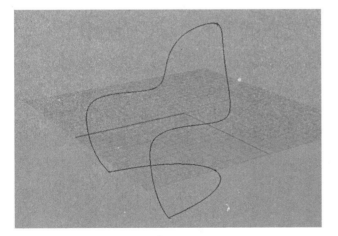

图4-44

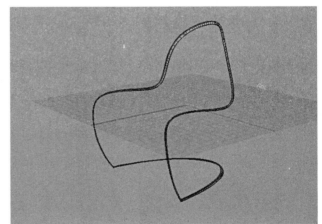

图4-45

⑨将翻边曲面和椅子曲面连接后得到潘顿椅的基本造型，如图4-46、图4-47所示。潘顿椅渲染效果图见图4-35及彩图3。

▶ 命令：放样（Loft）

描述：给出几个不同位置的曲线段，进入该命令后，依次选定各曲线段，系统会生成一个通过这些曲线段的面。在默认状态下，生成面的形态是依次将各曲线段的两个端点用NURBS曲线连接作为两个边界扫掠生成，可以在浮动窗口中选择不同的放样模式，例如将各线段的端点以直线方式相连生成面等。

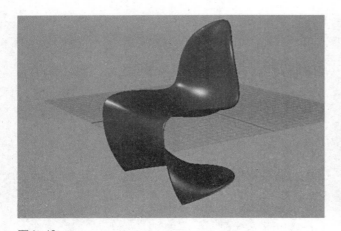

图4-46

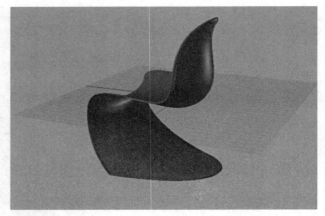

图4-47

附注：

● 放样用的各曲线或全部是封闭曲线，或全部是开放曲线，不能混合使用。

● 不当的曲线形状或不当的位置均会使曲面相互交叉而产生畸变。

● 由于根据不同位置的曲线段放样生成曲面，因此放样方向的两条边界形状不能精确预见。

》 放样练习

操作步骤：

①调用画直线多重直线（Polyline）∧命令画出由三条直线构成的折线，对折点处倒圆角（Fillet）⌐，组合这些线使之成为一条复合曲线，调整好曲线空间位置后得到3条放样曲线，如图4-48所示。

②左侧用画圆弧圆弧（Arc）▷命令画出一条圆弧，并镜像（Mirror）⬛到另一侧。

③调用放样命令（Loft）⬚，依次选择各曲线可以得到如图4-49所示曲面。

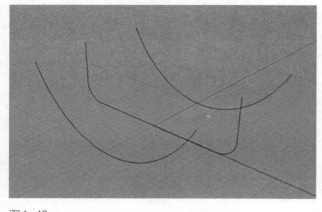

图4-48

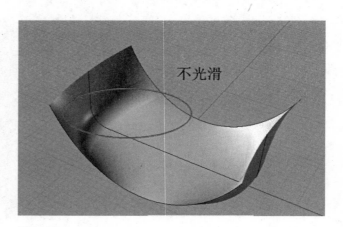

不光滑

图4-49

注意：可以看出图4-49曲面某些地方明显不光滑，这是由于放样曲线是由一次或两次曲线构成的，造成3条曲线的性质差异（例如节点数差异大等），选取中间一条复合线，用重建曲线（Rebuild）⬚命令检查点数，改变此线为3次16个点，如图4-50所示，将两侧的圆弧曲线同样调整为3次16点。再次应用放样（Loft）⬚命令后产生的曲面质量明显改善，如图4-51所示。

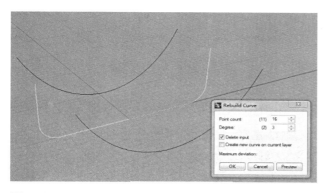

图4-50

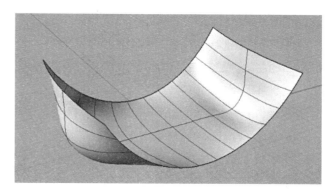

图4-51

》 案例九：水果刀设计与建模

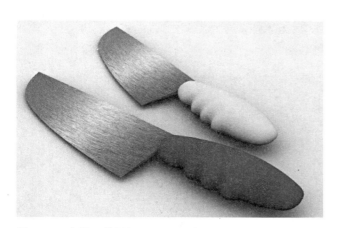

图4-52 水果刀效果图

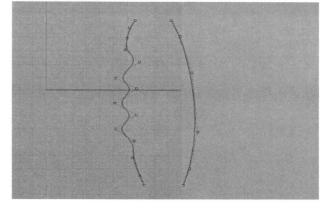

图4-53

所用命令：

● 混接曲线（Blend） ● 镜像（Mirror）
● 组合（Join） ● 双轨扫掠（Sweep2）
● 重建曲线（Rebuild） ● 放样（Loft）

操作步骤：

①在Front视窗中按刀柄的造型设计要求用画曲线命令绘制刀柄两侧的轮廓线，如图4-53所示。

②对两条曲线进行融合（Blend） 命令操作。若融合效果不理想，可重新调整上步两曲线的控制点，如图4-54所示。

③开启捕捉模式，捕捉融合曲线最低点（QUA），以此为起点绘制一条曲线（注意：该曲线为平面曲线

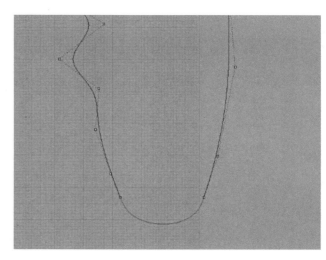

图4-54

且位于前视图结构面上），如图4-55所示。

④切换到Right视图（或Left视图）视窗，打开刚刚画的曲线的控制点，移动控制点的位置对该曲线进行调整，调整底部的第一个控制点与端点的连线达到水平，如图4-56所示。

⑤镜像（Mirror）⚏该曲线如图4-57所示。

⑥以该曲线为边界，分离底部的融合曲线。将底部的两条融合曲线分别与上部相应的曲线组合（Join）🐾，如图4-58所示。

⑦使用重建曲线命令（Rebuild）🐾检验第一步绘制的曲线的曲线控制点数，如图4-59所示为3次曲线14个点（12个控制点+2个端点）；融合后所产生的曲线是5次曲线6个点，如图4-60所示。

⑧将左侧两条曲线连接组合（Join）🐾，得到的曲线是5次41个点，控制点明显增加的原因是系统已经用最少控制点的一条曲线来拟合原先的两条曲线，并确

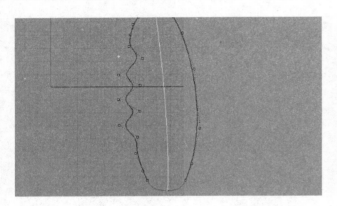

图4-55

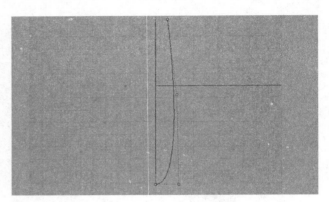

图4-56

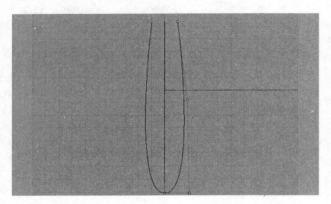

图4-57

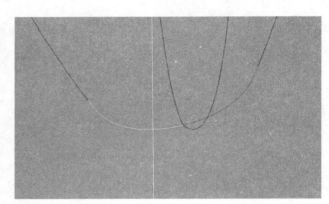

图4-58

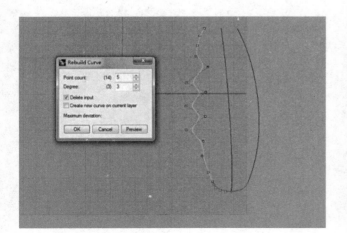

图4-59

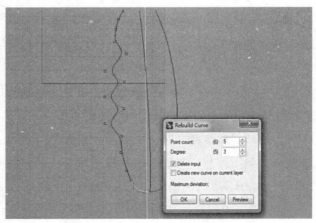

图4-60

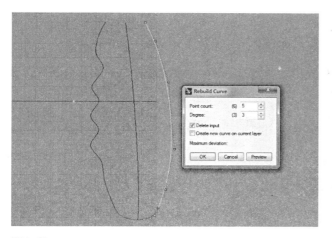

图4-61

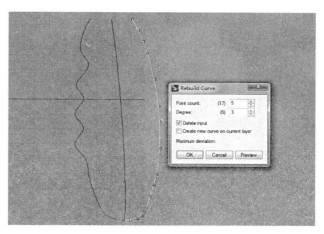

图4-62

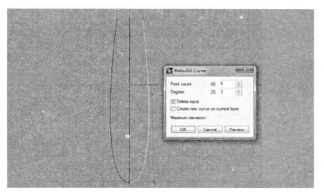

图4-63

显然曲面产生了不希望的扭曲，这是因为4条曲线中的控制点数差异太大造成的，使用重建曲线（Rebuild）按最多点数的那条修改其他3条曲线的控制点数，例如，全部改为3次，41点（若将最高点数的曲线控制点减少会使曲线变形）。

保替代后的曲线在公差允许的范围内。同理可见右侧的曲线也是如此（图4-61、图4-62），5次17个点。由此可知没有组合前的曲线控制点比较少（图4-63）。

⑨使用放样（Loft）命令，一次选择4条曲线并在浮动窗口中勾选封闭放样，得到的曲面如图4-64所示。

⑩调整点数，如图4-65所示，使左侧两条曲线和右侧两条曲线的点数保持一致（均为41个点），重新使用放样（Loft）的效果如图4-66所示。左侧两条曲线的41个点和右侧两条曲线的41个点对应调整，因此，此时的曲面更为平滑。

⑪刀柄曲面封口使之成为一个实体，用双轨扫

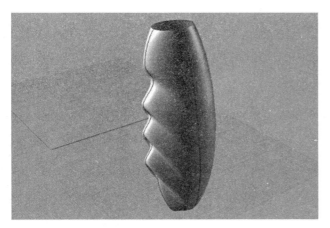

图4-64

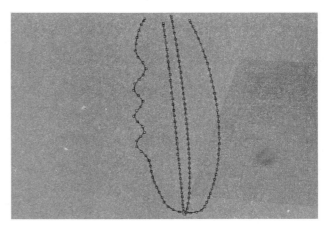

图4-65

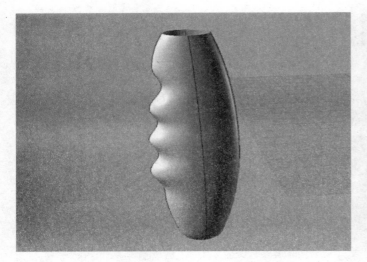

图4-66　　　　　　　　　　　　　　　图4-67

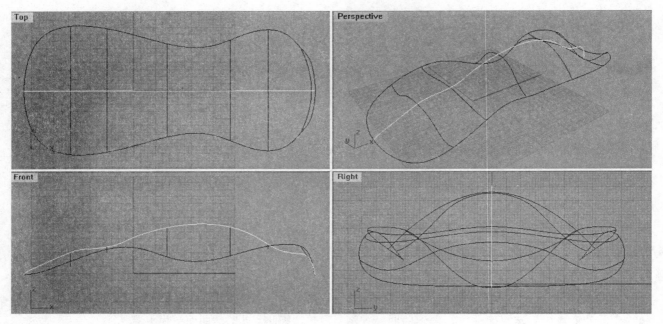

图4-68

掠（Sweep2）画出刀部造型如图4-67所示。

⑫简单渲染后的水果刀效果如图4-52及彩图5所示。

▶ 命令：从网线建立曲面（NetworkSrf）

描述：由纵横交错的曲线建立曲面。

》 从网线建立曲面练习（设计一个简易车模）

操作步骤：

①在Front视窗中应用画曲线（Curve）命令画出一条车身高度起伏关系的大致曲线，网格曲面切

换到Top视窗中打开节点（PointsOn），在y轴向（车的宽度方向）调整到符合造型，将之诉求，镜像到另一侧，两线端部通过混接（BlendCrv），并从中点开始画车身中部高度起伏曲线。在横向几个关键位置处画出起伏曲线如图4-68所示。

②应用网格曲面建模（NetworkSrf）生成曲面，如图4-69所示。

③检查曲面是否符合设计预想，如果不符合就调整曲线，直到满意为止。

④画出车底部的轮廓线，方法同上，画出平行面，在几个关键位置画出侧面曲线如图4-70所示

注意：

Front视窗中的高度线并不一定在Top视窗中生成的宽度轮廓线上。因此，在获得空间曲线后还要依据造型需要打开点（PointsOn）对曲线作适当调整。

说明：

①可以在Top视窗中画出车的俯视轮廓线并垂直拉伸成面。

②将第一步作出的线投影到该曲面上。

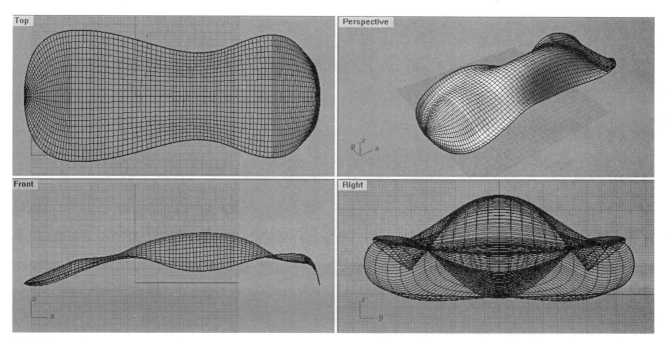

图4-69

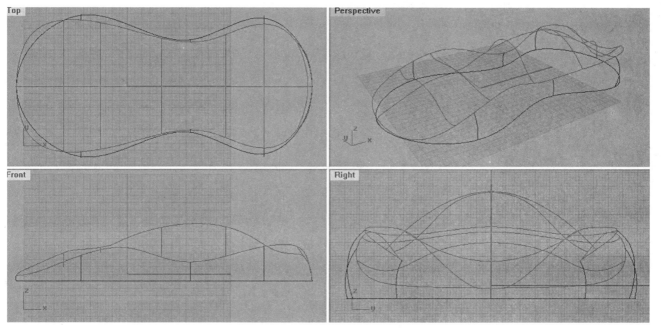

图4-70

（提示：在Front视窗中在关键位置画直线投影到曲面和底平面上得到交点。由两交点画曲线打开控制点调控曲线形状）。

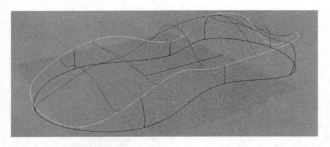

图4-71

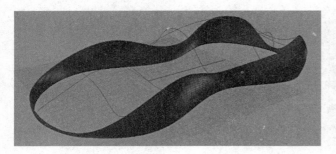

图4-72

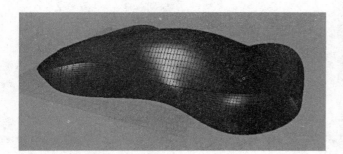

图4-74

⑤将步骤①画的车上部曲面边界线连接组合（Join）🐾成一条线，以该腰线和底部曲线为轨道曲线应用双轨扫掠（Sweep2）🖼生成车身侧面曲面，如图4-71、图4-72所示。

⑥将三个曲面选中组合（Join）🐾成一个复合曲面，由于该曲面封闭，因此是一个实体（图4-73、图4-74）。

⑦对该实体腰线部和底部分别用曲面圆角（FilletSrf）🖼倒圆角，最后的简易车模效果如图4-75及彩图27所示。

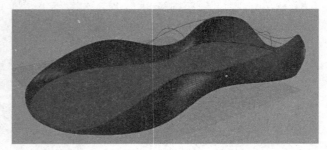

图4-73

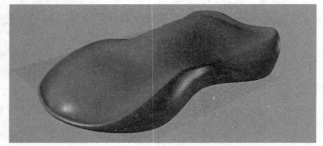

图4-75

》 案例十：捣衣棒设计与建模

所用命令：

● 镜像（Mirror）🏛 ● 直线挤出（Pause）🖼 ● 投影曲线（Project）🗄 ● 从网线建立曲面（NetworkSrf）🖼 ● 将平面洞加盖（Cap）🖼 ● 布尔运算联集（BooleanUnion）🖼 ● 曲线圆角（Fillet）🖼

操作步骤：

①在Top视窗中，以X轴为对称轴，画一条捣衣棒水平投影轮廓线，如图4-77所示。

②以X轴为对称轴，镜像（Mirror）🏛该曲线生成一条对称曲线，如图4-78所示。

③切换到Front前视图窗口，使用控制点曲线（Curve）🖼命令画捣衣棒的最高、最低轮廓线，按捣衣棒造型分为上下两个面，再画出上下两面的分界曲线，如图4-79所示。

④切换到Top图将这条分界曲线水平拉伸（Pause）▦出一个面（双向模式），如图4-80所示。

⑤将步骤②画好的曲线向水平结构工作面投影（Project）▱，结果在拉伸曲面上得到这两条曲线的投影曲线，如图4-81所示。

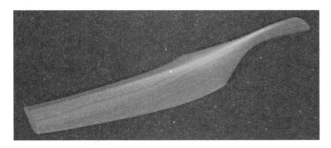

图4-76　捣衣棒效果图

⑥将投影曲线等在两端截平，应用画曲线（Curve）▱命令过4条曲线的端点画封闭曲线，如图4-82所示。

⑦另一头按设计造型用镜像（Mirror）▥方式画出封闭曲线，如图4-83所示。

⑧在适当位置确定"收腰截面形状"：作一个垂直平面截4根轮廓线得交点，应用画曲线（Curve）▱命令过这4个点生成一条封闭曲线，如图4-84所示。

⑨以上部曲线为网格建曲面（NetworkSrf）▥的U、V向线生成曲面，如图4-85所示。

⑩以下部曲线为网格建曲面（NetworkSrf）▥

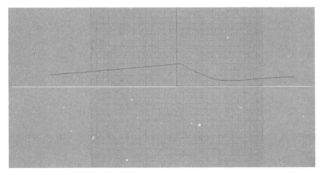

图4-77

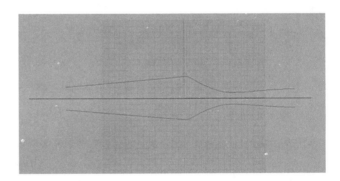

图4-78

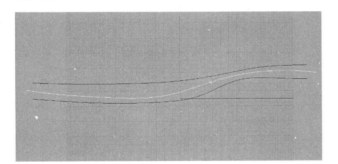

图4-79

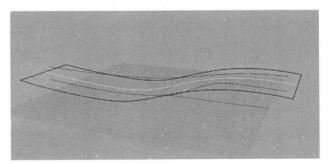

图4-80

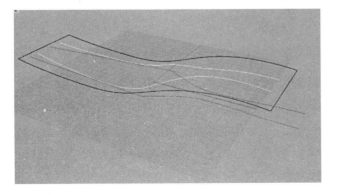

图4-81

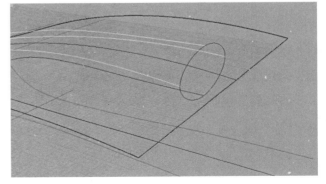

图4-82

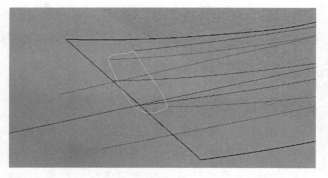

图4-83

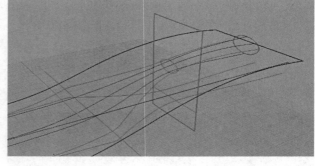

图4-84

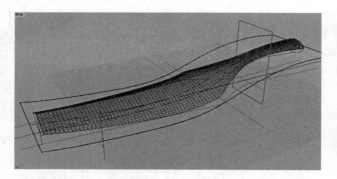

图4-85

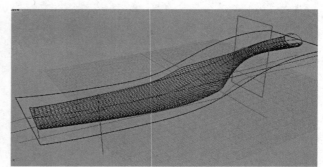

图4-86

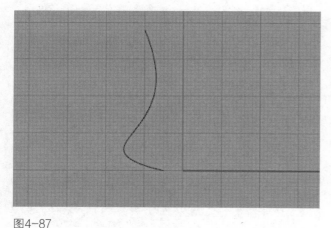

图4-87

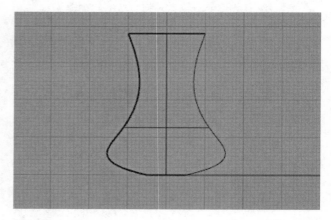

图4-88

的U、V向线生成曲面，如图4-86所示。

⑪将上下两个曲面组合后两端封面（Cap） ，选中全部曲面后组合（BooleanUnion） 为一个实体，两端倒圆角（Fillet） 完成捣衣棒的设计建模。

⑫简单渲染如效果图4-76及彩图22所示。

▶ 命令：旋转成形（Revolve）

描述：该命令可以由一条曲线绕着一根轴线旋转360度（可以设定任意角度）形成一个环形曲面。

》 旋转成形练习

操作步骤：

①绘制曲线如图4-87所示。

②选中该曲线，单击旋转成形（Revolve） 命令，以y轴作旋转轴，键入360（即旋转一圈的角度），得到实体如图4-88、图4-89所示（注意：旋转得到的实体底部镂空）。

③如若在步骤①底部添加一根与旋转轴相接的

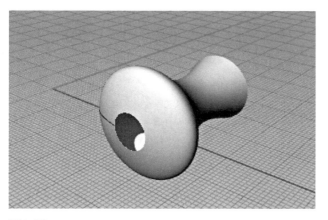

图4-89

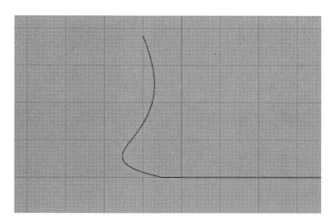

图4-90

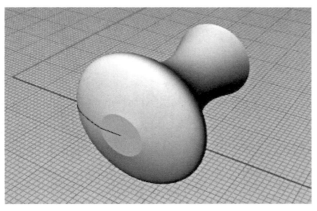

图4-91

若在图4-87所示的图形基础上，分别在上、下、右三个位置添加直线，并且将所有线条组合（Join）为一个封闭的图形，那么，将该图形沿轴旋转，将会得到一个实体。

曲线如图4-90所示，则获得如图4-91所示效果（底部有封口）。

　　④当然，旋转体可以以不同的旋转轴旋转任意角度，所选用的旋转截面不同最终得到的效果也不同。

试一试：
①改变旋转轴［图4-92（1）、图4-92（2）］
②改变旋转角度［图4-93（1）、图4-93（2）］
③改变旋转截面［图4-94（1）、图4-94（2）］

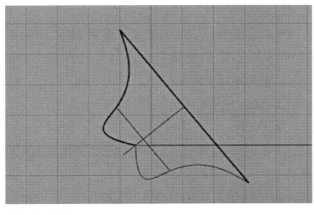

图4-92（1）

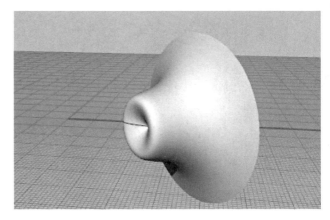

图4-92（2）

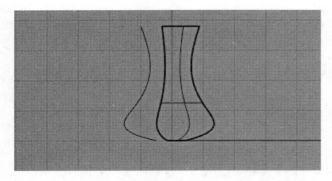

图4-93（1）

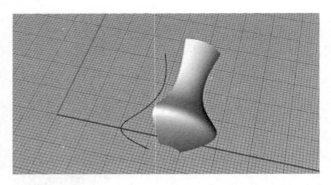

图4-93（2）

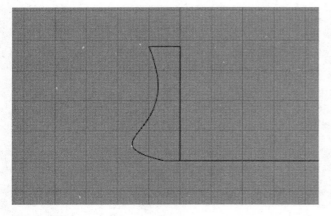

图4-94（1）

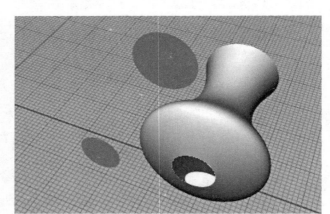

图4-94（2）

注意：对成形的物件进行炸开（Explode）⚡，发现可炸开成三个曲面。这意味着由旋转成形（Revolve）🍷旋转得到的是一个曲面，而若在旋转之前将所有线条组合（Join）🐾那么得到的会是一个实体。

〉〉 案例十一：破成两瓣的小酒瓶设计与建模

图4-95　小酒瓶渲染图

所用命令：

● 多 重 直 线 （Polyline）⋀ ● 控 制 点 曲 线 （Curve）🔄 ● 2D旋转（Rotate）↪ ● 旋转成形 （Revolve）🍷 ● 分割（Split）⚒ ● 放样（Loft）↗/ 嵌面（Patch）🍥 ● 组合（Join）🐾

操作步骤：

①在Front视窗中，开启网格捕捉模式，应用多重直线（Polyline）⋀画一条垂直线，应用控制点曲线（Curve）🔄，在该垂直线下方端点处开始画一条接近等宽的曲线，曲线末端仍定位于垂直线正下方。

若曲线不准确可以应用打开点（PointsOn）命令，调整控制点的位置，必要时增删［插入节点（InsertKnot）、移除节点（RemoveKnot）］控制点也方便调整曲线，如图4-96所示。

> 注意：打开点模式，检查并调整点，一定要使该曲线的端点与第一个控制点的连线（相当于曲线在端点处的切线方向）与垂直线垂直，但一般画曲线时不会达到这一状态，如图4-97所示。因此，一般都要应用打开点命令做进一步的调整。调控曲线端点处"切线"的目的是确保瓶体底部平整无尖角，如图4-100所示。

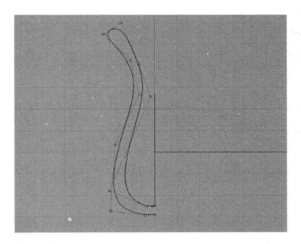

图4-96

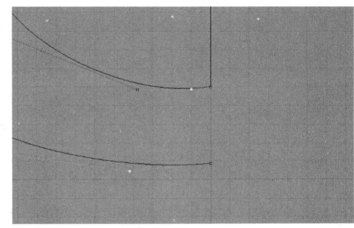

图4-97

②开启关命令后使用旋转（Rotate），命令选中距端点处第一个控制点，以端点为旋转中心，开启"正交"模式，将该控制点旋转到与端点的连线为一条水平线，如图4-98所示。两个端点处均作如此操作。

③使用环形曲面生成（Revolve），获得一个封闭的实体造型，如图4-99所示（注意：此封闭曲面已经是一个可计算质量的真正实体，因此可以

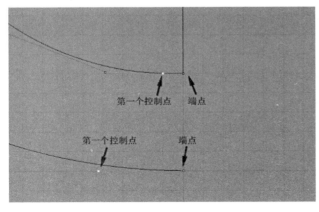

图4-98

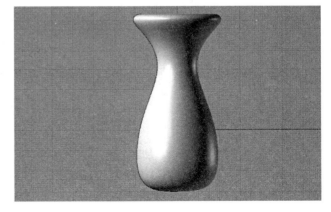

图4-99

进行布尔运算）。

④至此，小酒瓶建模结束。但这只是一个普通的瓶子而已，作为三维数字建模，可以随心所欲试试设计上能不能产生新的视觉感受，因此设想表现出此瓶"裂开"后的效果，切换到 Front 视窗，使用画曲线（Curve）命令绘制一条曲线如图4-101所示。

⑤使用分割命令（Split）将瓶体分离成两部分，这时裂口处是"空心"的，如图4-102所示。

⑥使用放样（Loft），或嵌面（Patch）命令分别选择两条面的边界曲线生成曲面如图4-103所示。

⑦使用组合（Join）分别连接两部分曲面，

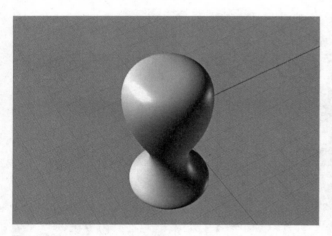

图4-100

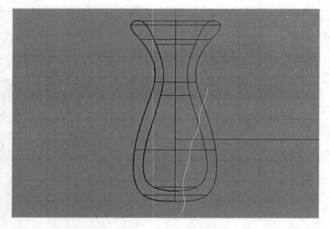

图4-101

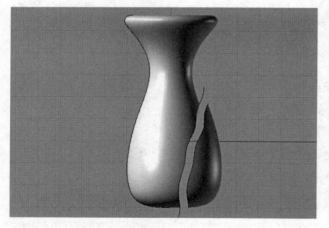

图4-102

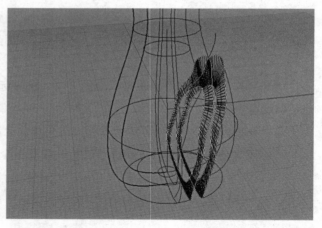

图4-103

重新使两部分均成为实体，最后效果如图4-95及彩图16所示。

▶ 命令：混接曲面（BlendSrf）

描述：该命令可将两个曲面混接起来。混接曲面（BlendSrf）是Rhino中的常用命令，它可以在不改变原有曲面的基础上，在两个曲面间建立一个符合连续性要求的曲面。

》 混接曲面练习

操作步骤：

①绘制一个如图4-104所示的三管。

②使用混接曲面（BlendSrf）命令对侧边进行混接（注意：在选择混接的曲面边缘时需要小心曲率的方向），如图4-105至图4-107所示。

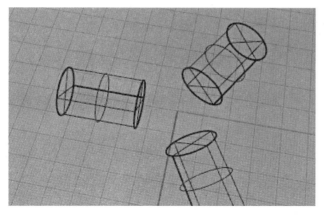

图4-104

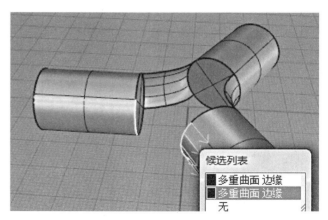

图4-105

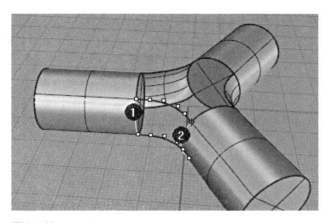

图4-106

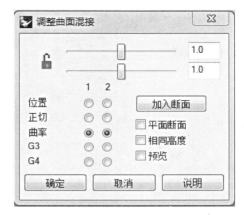

图4-107

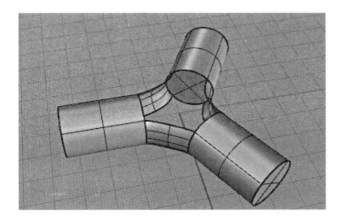

图4-108

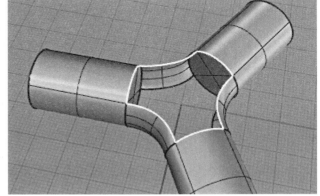

图4-109

③步骤②得到的曲面如图4-108所示。

④使用嵌面（Patch） 🖈 对混接后的曲面边缘进行缝合，如图4-109、图4-110所示。

⑤开启渲染模式，如图4-111所示。

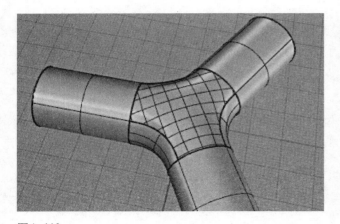

图4-110

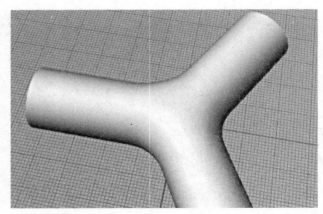

图4-111

图4-112

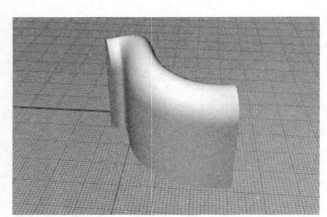

图4-113

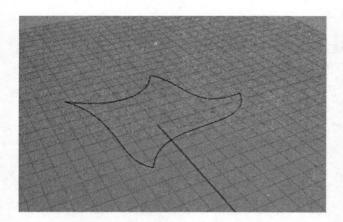

图4-114　空间内绘制四条曲线

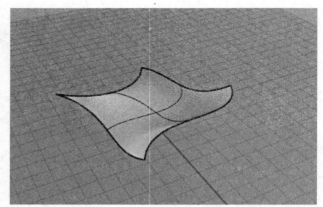

图4-115　建立曲面

⑥曲面建模中，很多情况下都要用到混接曲面（BlendSrf）这个命令，读者可自行尝试，熟练曲面混接的操作，如图4-112、图4-113所示。

补充命令：

▶　命令：以2、3或4个边缘曲线建立曲面（EdgeSrf）

描述：以两条、3条或4条曲线建立曲面，如图4-114、图4-115所示。

〉〉 案例十二：洗车枪建模

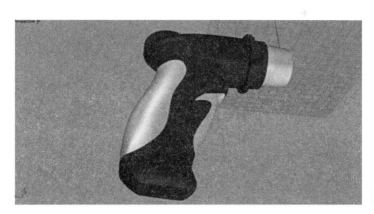

图4-116　洗车枪渲染图

所用命令：

● 旋转成形（Revolve）🔧 ● 挤出封闭的平面曲线（Pause）▣ ● 布尔运算差集（BooleanDifference）◉ ● 修剪（Trim）🔧 ● 放样（Loft）🗐 ● 混接曲面（BlendSrf）🔧 ● 从网线建立曲面（NetworkSrf）🔲 ● 分割（Split）🔧

操作步骤：

①在Top视窗中，绘制出洗车枪截面以及一条直线，如图4-117所示。将该截面绕中心轴（该直线）旋转（Revolve）🔧，得到洗车枪的枪头，如图4-118所示。

②切换至Right视窗，绘制两个同心圆。设定合适的工作平面，绘制枪头的细节，拉伸（Pause）▣成实体，使用布尔运算差集（BooleanDifference）◉将两个实体相减，调整切除，如图4-119所示。

③切换至Front视窗，做出圆柱体，如图4-120所示。

④选取步骤②绘制的同心圆进行操作，以大圆和中圆对实体进行切除（Trim）🔧，再以中圆和小圆放样（Loft）🗐出凸台，将两者边缘线进行连接（BlendSrf）🔧，如图4-121所示。

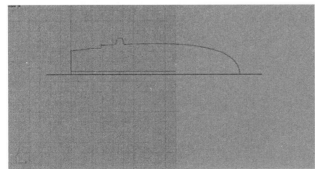

图4-117

图4-118

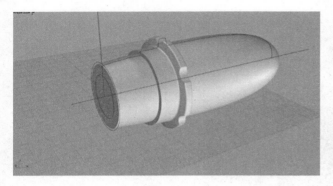

图4-119

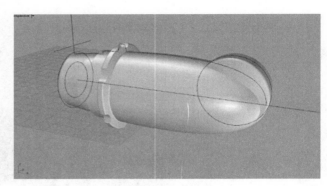

图4-120

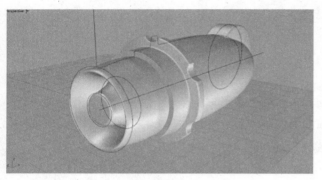

图4-121

⑤在适当位置绘制手柄的关键线，做出（NetworkSrf）手柄形状，如图4-122、图4-123所示。

⑥在手柄处绘制一条曲线，将其分离（Split），如图4-124所示。对这部分曲面进行另一种颜色的简单渲染，如图4-125所示。

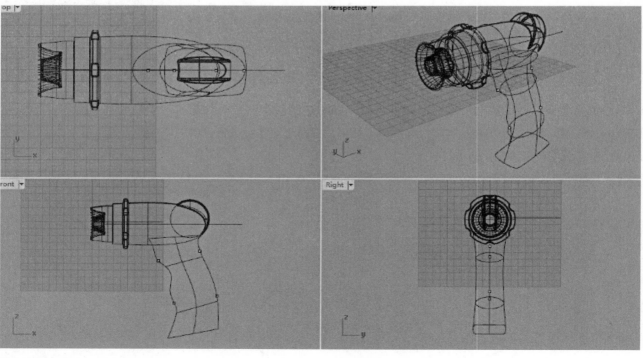

图4-122

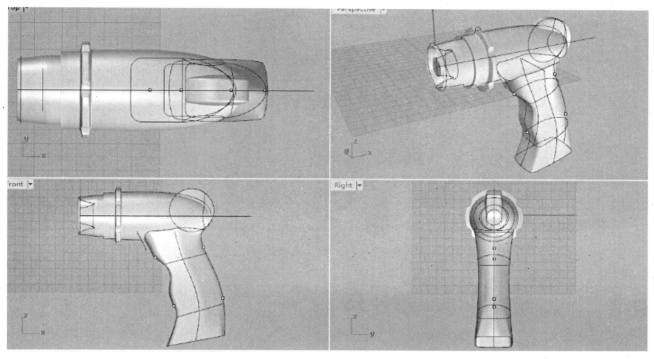

图4-123

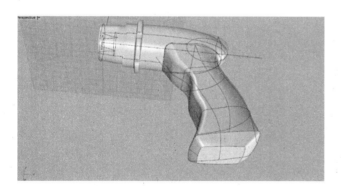

图4-124

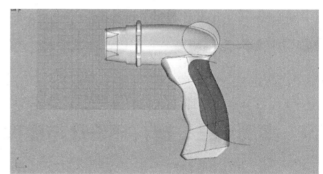

图4-125

⑦在Front视窗中绘制一条曲线两侧拉伸（Pause）■ 做出按钮部分。至此，一个简单的洗车枪初步完成，渲染图如图4-116及彩图32所示。

第五章
综合实例练习

5.1 部分命令实际应用补充

补充命令：

▶ 命令：二轴缩放（Scale2D）🖼

描述：在工作平面的 X、Y 两个轴向上以同比例缩放选取的物件。

》案例十三：塑料杯设计与建模

所用命令：

● 炸开（Explode）🔌 ● 重建曲面（Rebuild）🔧 ● 二轴缩放（Scale2D）🖼 ● 曲线圆角（Fillet）🔧 ● 组合（Join）🔧 ● 偏移曲线（Offset）🔧 ● 移动（Move）🔧 ● 双轨扫掠（Sweep2）🔧 ● 修剪（Trim）🔧 ● 单轨扫掠（Sweep1）🔧 ● 挤出封闭的平面曲线（Pause）🖼 ● 环形阵列（ArrayPolar）🔧

操作步骤：

①在Top视窗中，绘制一个矩形，将其炸开（Explode）🔌。选中所炸开的直线进行重建（Rebuild）🔧以生成了3次4个调整点的曲线，打开

点（PointsOn）🔧，以原点为中心对其中8个点进行二轴缩放（Scale2D）🖼，对四个角点分别倒圆角（Fillet）🔧，将8根曲线组合（Join）🔧，得到杯身上部的轮廓线条。对该外部轮廓线向内偏移（Offset）🔧，得到内部轮廓线，如图5-2所示。

②切换到Front视窗，将内侧轮廓进行垂直下移（Move）🔧到适当位置，如图5-3所示。

③捕捉上下轮廓线的中点或QUA点，绘制一条直线。运用偏移曲线（Offset）🔧、修剪（Trim）🔧等命令绘制出塑料杯的外侧薄壳截面，如图5-4所示。

④以步骤③绘制的薄壳截线作为断面曲线，杯底和杯盖轮廓作为扫掠路径进行扫掠（Sweep2），如图5-5、图5-6所示。

图5-1　塑料杯渲染图

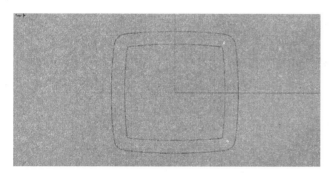

图5-2

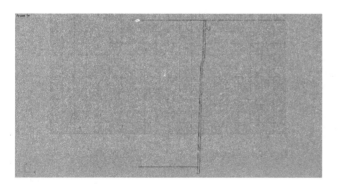

图5-4

图5-6

⑤结合Perspective视窗，选取杯底的轮廓线构建曲面（Patch），形成杯底，如图5-7所示。

⑥绘制截面如图5-8所示，沿杯口的轮廓线扫掠（Sweep1），画一个矩形（Rectangle）如图5-9表示密封圈截面形状，用单轨扫掠（Sweep1）表示内部的密封圈如图5-10所示，实际产品密封圈尺寸要略大才能起到密封作用此处只作简略示意。

⑦绘制一个平面，用该平面将步骤七所得的实体截平，如图5-11所示。

⑧在内侧绘制曲线如图5-12所示，将该曲线作为断面曲线进行扫掠，得到完整杯盖如图5-13所示（注意需调整曲线端口的控制点至水平，确保进行扫

图5-3

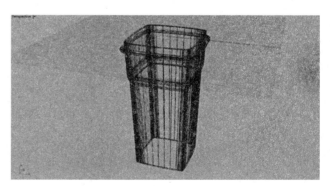

图5-5

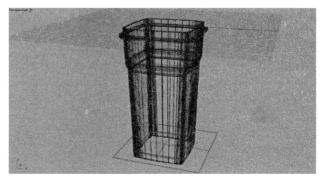

图5-7

掠时中心点无尖点）。

⑨参照先前绘制的截面，绘制卡扣形状如图5-14所示。双向拉伸（Pause）🔲成实体，切换至Right视窗，绘制一条曲线边界如图5-15所示，以该边界对实体进行切割，封边后得到一个完整的卡扣实体如图5-16所示，阵列（ArrayPolar）⚙该卡扣4个如图5-17所示。

⑩简单渲染得塑料杯效果图，如图5-1及彩图14所示。

补充命令：

▶ 命令：弹簧线（Helix）🖉

<u>轴的起点</u>（垂直(V)　环绕曲线(A)）:|

<u>半径和起点</u> <4.00>（直径(D)　模式(M)=圈数　圈数(T)=10　螺距(P)=6.6　反向扭转(R)=否）:|

描述：选择直线或曲线作为弹簧线的环绕路径（路径的起点和终点即为弹簧线起始的中心点），需要自行设置其直径、圈数等相关参数。常用于瓶口的螺纹和电话线的设计，如图5-18、图5-19所示。

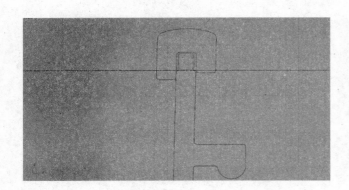

图5-8

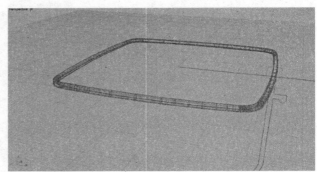

图5-9

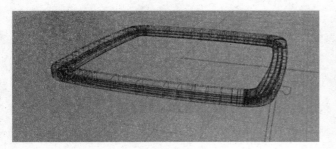

图5-10

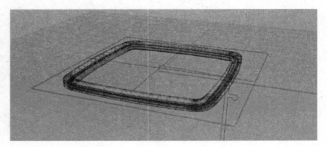

图5-11

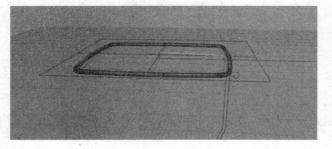

图5-12

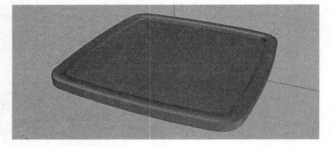

图5-13

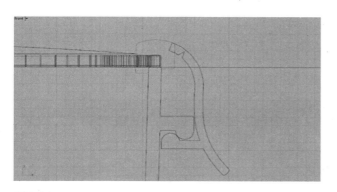

图5-14

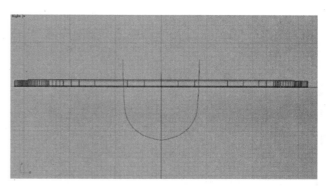

图5-15

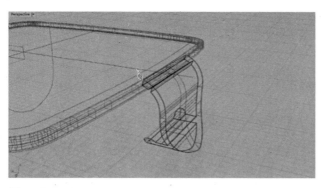

图5-16

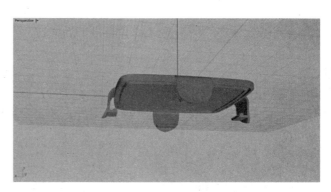

图5-17

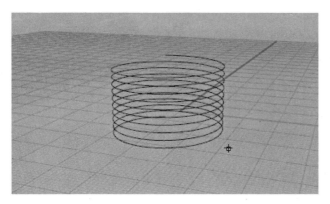

图5-18　垂直

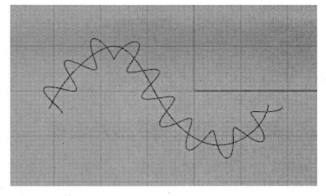

图5-19　环绕曲线

近似命令：

▶ 命令：螺旋线（Spiral）

轴的起点（平坦（F）　垂直（V）　环绕曲线（A））：|

半径和起点 〈4.00〉（直径（D）　模式（M）=圈数　圈数（T）=10　螺距（P）=6.6　反向扭转（R）=否）：|

描述：较之于弹簧线（Helix） ，螺旋线（Spiral） 提供了三种螺旋的样式，并需要确定最初的螺旋圈和最终的螺旋圈直径、圈数等相关参数，如图5-20至图5-23所示。

▶ 命令：圆管（Pause）

描述：绘制一条管道路径，并且指定始末管道端面圆的半径，从而生成一根圆管。

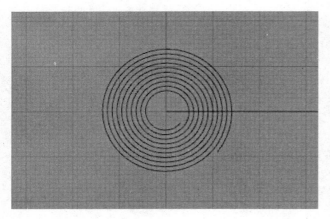

图5-20　平坦

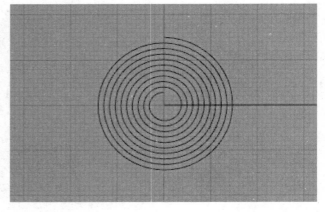

图5-21　反向扭转

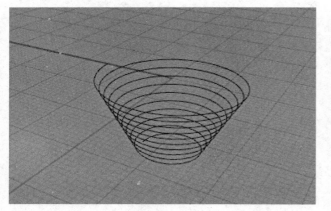

图5-22　垂直

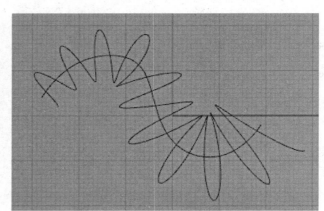

图5-23　环绕曲线

>> 案例十四：洗衣液瓶建模

所用命令：

● 背景图（BackgroundBitmap）🖼 ● 放样
（Loft）⤾ ● 修剪（Trim）⤵ ● 直线挤出（Pause）

图5-24　洗衣液瓶渲染图

🗊 ● 移动（Move）⤢ ● 混接曲面（BlendSrf）
⤿ ● 圆管（Pause）🍋 ● 弹簧线（Helix）〰

操作步骤：

①分别在Front视窗/ Right视窗中插入图片，描绘出洗衣液瓶主体外轮廓，如图5-25、图5-26所示（注意：在两个视窗中插入的两幅图的尺寸可能不一，但这没有关系，可以把描好的曲线在后续操作中通过缩放调整好）。

②通过底部轮廓线和侧面轮廓线放样（Loft）⤾出曲面，如图5-27所示。

③以洗衣液瓶凸起的部分为界，修剪（Trim）

出曲面形状，如图5-28所示。

④选取瓶口和曲面轮廓线的中点，绘制两条曲线，如图5-29至图5-31所示。放样（Loft）得到图5-32所示深色部分曲面。

⑤在描绘的手柄轮廓线内部再绘制一条曲线，如图5-33所示。

⑥通过这条曲线向后拉伸（Pause）出曲面，如图5-34所示。

⑦连接（BlendCrv）前侧瓶身的外轮廓线和步骤⑥拉伸出的曲面轮廓线。对背面的瓶身做同样的处理，如图5-35所示。

⑧做出瓶底轮廓的包边（可以使用圆管（Pause）命令），填平瓶底部分，如图5-36所示。提取底部轮廓线，用修剪（Trim）方式去除曲面，得到图5-37所示效果。

图5-25

图5-26

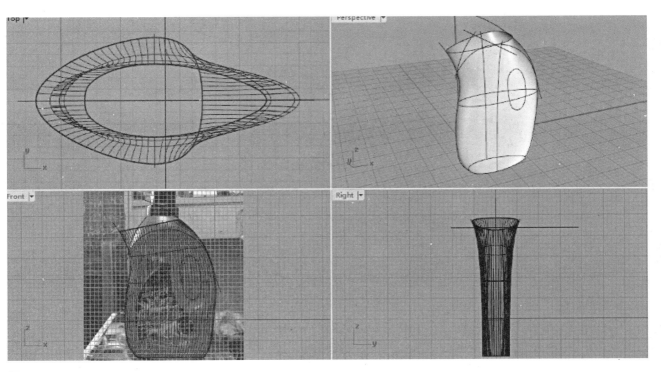

图5-27

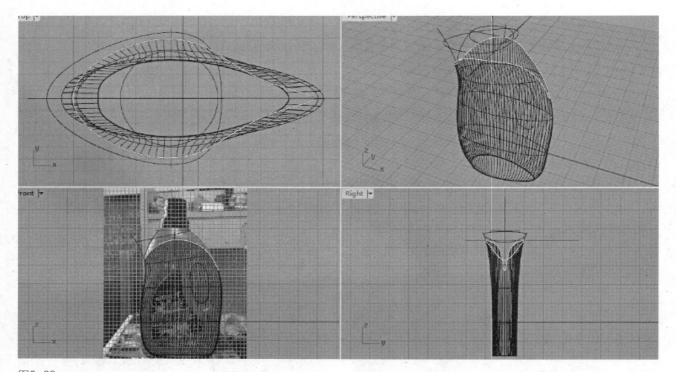

图5-28

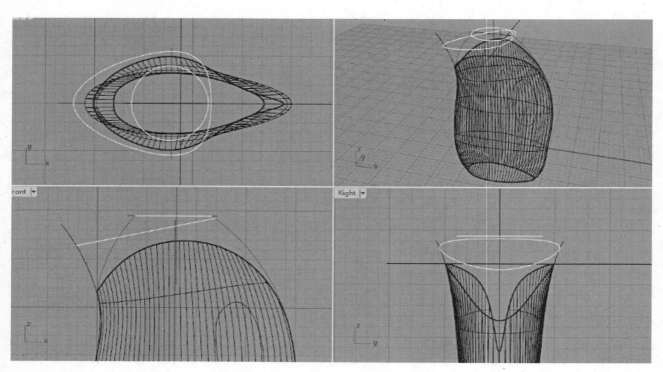

图5-29

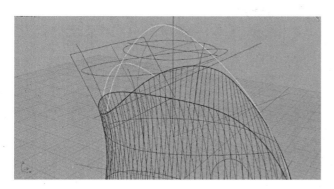

图5-30

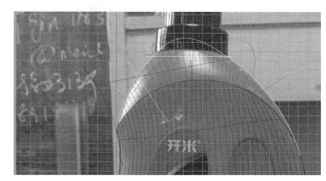

图5-31

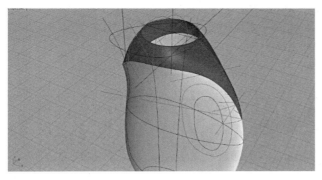

图5-32

图5-33

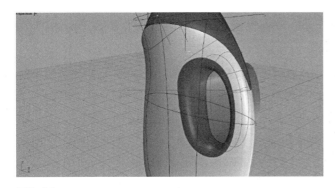

图5-34

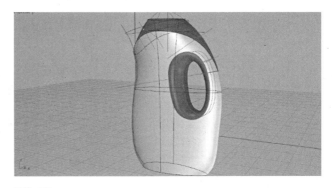

图5-35

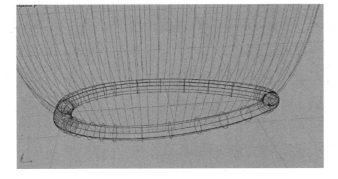

图5-36

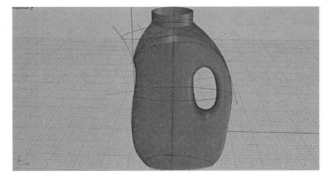

图5-37

图5-38

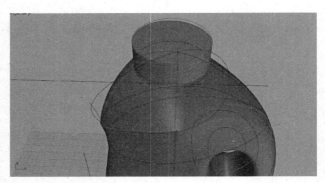

图5-39

图5-40

图5-41

⑨在上部选取圆并拉伸（Pause）▣出瓶口部分（图5-38），将底部面上移（Move）♛一小段距离，将瓶体与底面作融合（BlendSrf）❧，如图5-39所示。

⑩在瓶口（圆柱）面上做出瓶口的螺旋线（Helix）❧，此在其端部绘制一个三角形作为螺纹截面，如图5-40、图5-41所示（注意：下一步可以增加壁厚以产生真正的实体容器，这里暂不详述）。

⑪至此，一个简单的洗衣液瓶造型基本完成，渲染图如图5-24及彩图9所示。

补充命令：

▶ 命令：设置工作平面：垂直（CPlan）⚏

描述：有时在建模过程中，简单的视图窗口无法满足在空间制图的需求。为方便建模，需要设置一个新的设计平面。与设置一个新的设计平面相关的命令均可在工具栏中找到。直接选择"设置工作平面原点"⚏，调整设计工作平面，如图5-42所示。

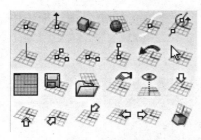

图5-42　设置工作平面弹出窗口

》 案例十五：神仙鱼形摆件设计与建模

图5-43 神仙鱼形摆件效果图

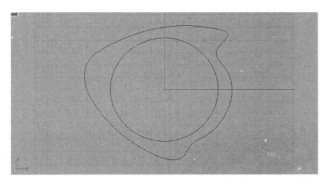

图5-44

所用命令：

● 直线挤出（Pause）🔳 ● 设置工作平面：垂直（CPlan）⬦ ● 修剪（Trim）⬦ ● 镜像（Mirror）⬦ ● 组合（Join）⬦ ● 双轨扫掠（Sweep2）⬦ ● 挤出封闭的平面曲线（Pause）🔳 ● 单轴缩放（Scale1D）⬦ ● 分割（Split）⬦

操作步骤：

①在Front视窗中根据神仙鱼的侧面形状绘制侧面两条封闭曲线（内侧是圆曲线），如图5-44所示。

②在适当位置画一条直线，直线挤出曲面（Pause）⬦如图5-45所示。

③根据所挤出的平面与步骤①绘制的轮廓线的交点位置，设定新的工作平面，将工作平面（CPlan）⬦转换到这个挤出的平面上，如图5-46所示。

④切换到新的工作平面，在该工作面上绘制曲线，适当调整控制点如图5-47所示，这里需要用到修剪（Trim）⬦命令。

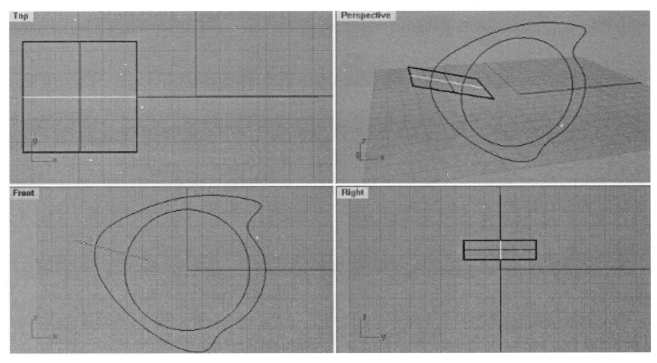

图5-45

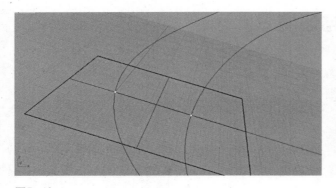

图5-46

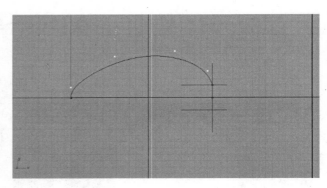

图5-47

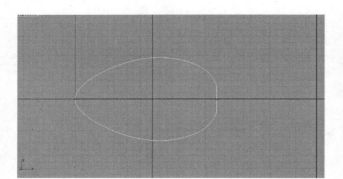

图5-48

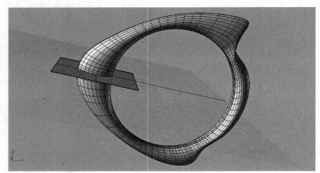

图5-49

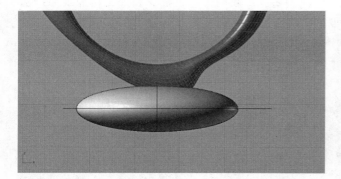

图5-50

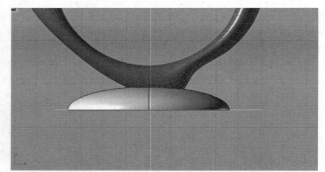

图5-51

⑤将调整好曲线镜像（Mirror）⤨，并组合（Join）🗗成一个整体，如图5-48所示。

⑥以步骤①绘制的轮廓线为扫掠路径，上一步组合成的封闭曲线为断面曲线，进行双轨扫掠（Sweep2）🗗，如图5-49所示。

⑦在Front视窗中建一个椭球以及一条直线，如图5-50所示。

⑧以绘制的直线为边界对该椭圆进行修剪（Trim）🗗，得到底座如图5-51所示。

⑨提取底座结构线，挤出拉伸（Pause）🗗成一个实体，如图5-52所示。

⑩绘制两条曲线如图5-53所示。以这两条曲线分别对扫掠曲面和上半个椭球进行修剪（Trim）🗗。

⑪开启物件锁点模式，混接曲面（Blend）🗗如图5-54所示（注意：混接时需对齐方向箭头，可以调整两侧与混接曲面的曲率变化率，可以多尝试几次以获得最好的混接效果）。

⑫以神仙鱼内侧轮廓线（圆）的圆心为中心画一个球并对球进行单轴缩放（Scale1D）🗗（压扁），如图5-55所示。

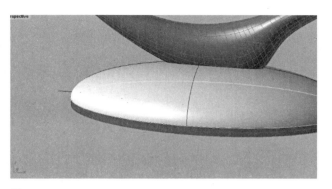

图5-52

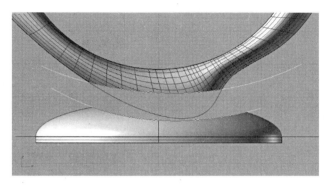

图5-53

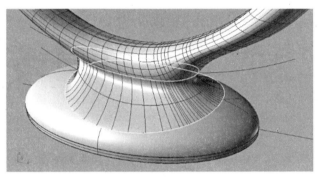

图5-54

⑬在Front视窗，以圆为边界将压扁的球的外侧修剪掉（Trim），如图5-56、图5-57所示。

⑭开启捕捉QUA，将两侧曲面移动（Move）到精确位置，如图5-58、图5-59所示。

⑮在Front视窗中绘制曲线如图5-60所示，对一个曲面进行分割（Split），简单渲染得到效果图5-61。

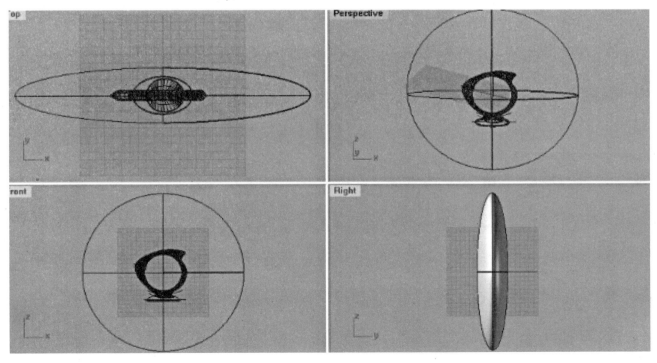

图5-55

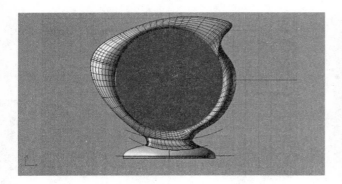

图5-56

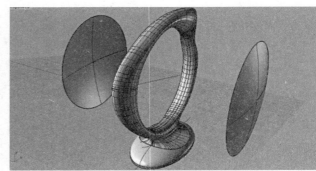

图5-57

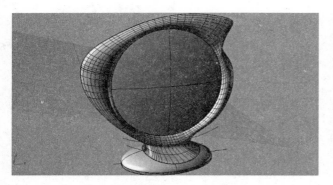

图5-58

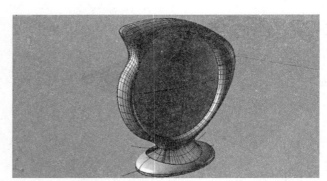

图5-59

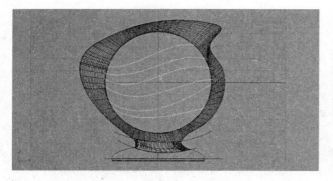

图5-60

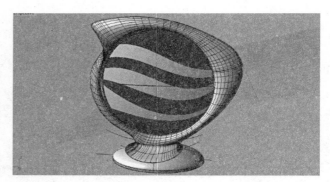

图5-61

图5-62　三种不同的文字物件效果

⑯至此，一个神仙鱼基本完成，渲染图如图5-43及彩图26所示。

补充命令：

▶ 命令：文字物件（TextObject）🅣

描述：通过该命令可以建立文字曲线、曲面或多重曲面，如图5-62所示。

>> 案例十六：保护架造型设计与建模

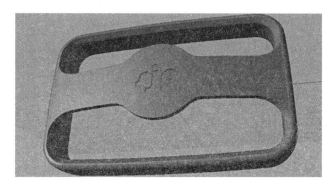

图5-63　保护架效果图

所用命令：

● 复制（Copy）📇 ● 单轨扫掠（Sweep1）
🔗 ● 偏移曲线（Offset）🔽 ● 分割（Split）🖻 ● 投影曲线（Project）💿 ● 修剪（Trim）🔽 ● 混接曲线（Blend）🐾 ● 组合（Join）🔩 ● 文字物件（TextObject）🆃 ● 移动（Move）🔳 ● 挤出封闭的平面曲线（Pause）📦 ● 双轨扫掠（Sweep2）🔗 ● 布尔运算差集（BooleanDifference）🔘

操作步骤：

①绘制一条左右对称的封闭曲线，在该曲线外侧画一条封闭线并将其对称复制Copy）📇 在如图5-64所示位置处作为保护架轮廓的基本"骨架"（注意：该封闭线由曲线和两段直线构成），如图5-65所示。

②单轨扫掠（Sweep1）🔗 得到保护架外框，如图5-66所示。

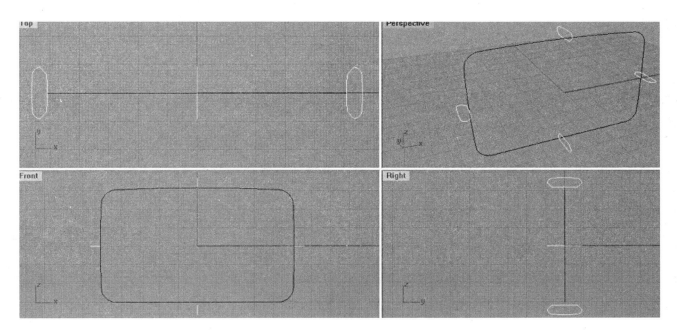

图5-64

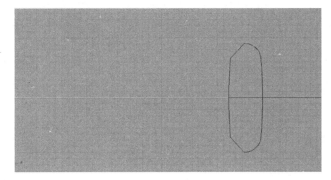

图5-65

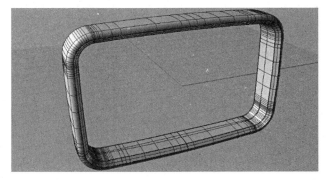

图5-66

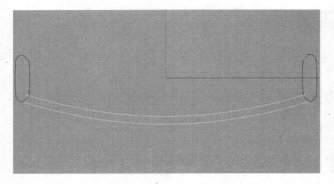

图5-67

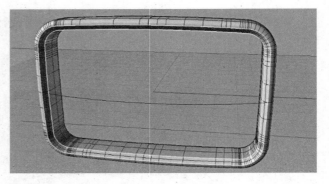

图5-68

③在Top视窗中捕捉两个特殊点绘制一条曲线并打开节点调整到设计希望的形状，如图5-67下侧所示，用捕捉点方式偏距（Offset）复制该曲线。

④在单轨扫掠（Sweep1）曲面上提取两条曲线，如图5-68所示。

⑤在Front视窗中绘制上下两根直线，以这两条线为边界分离（Split）上一步生成的两条曲线，如图5-69所示。

⑥以分离出的中间两条曲线为导轨，双轨扫掠（Sweep2）生成曲面，后面的曲面同理生成，如图5-70、图5-71所示。

⑦在Front视窗中绘制曲线，如图5-72所示。

⑧将这两条曲线投影（Project）到两个曲面上，如图5-73所示。

⑨左右对称生成两条直线作为边界线，对投到曲面上的曲线进行修剪（Trim），如图5-74、图5-75所示。

⑩将步骤⑤分离出的上侧曲线与上一步修剪好的曲线进行融合（Blend），再将融合曲线投影（Project）到曲面上（图5-76）。

⑪对四个角上的其他7处作同样的操作，如图5-77所示。

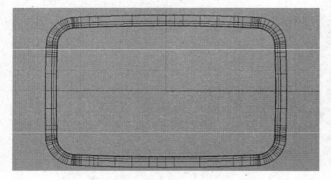

图5-69

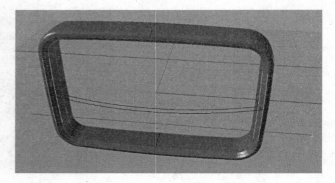

图5-70

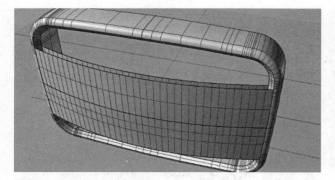

图5-71

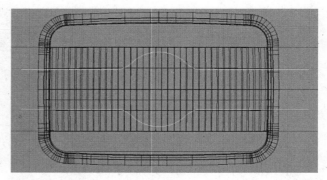

图5-72

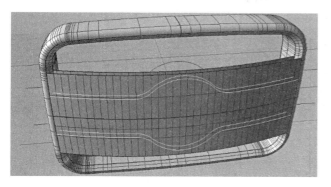

图5-73

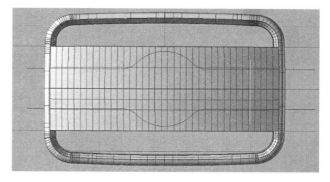

图5-74

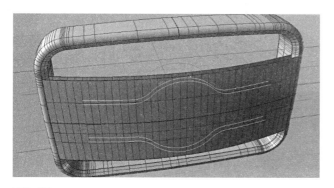

图5-75

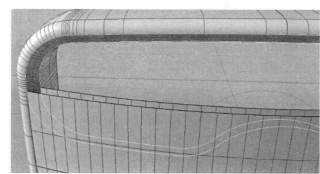

图5-76

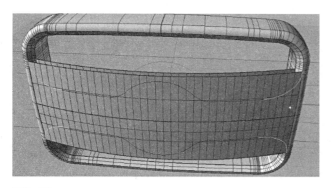

图5-77

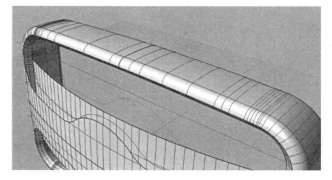

图5-78

⑫修剪（Trim）曲面，如图5-78、图5-79所示。

⑬在融合线端点处绘制一条直线段，在4个角处作同样操作，由此可以生成封闭曲线，修剪掉左右两侧的两个小曲面片，如图5-80所示。

⑭以上侧两条曲线（或曲面的边界）为导轨（Sweep2），直线段为断面线生成曲面，同理生成下侧曲面，如图5-81所示。

⑮将全部曲面组合（Join）为一个复合曲面，成为一个实体，如图5-82所示。

⑯使用文字物件（TextObject）命令，以建立曲线的模式生成保护架的logo，如图5-83所示。

⑰选中该封闭文字图案进行拉伸（Pause）并移动（Move）到适当

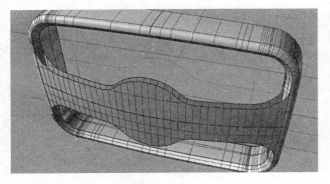

图5-79

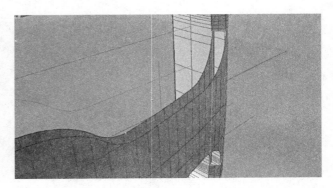

图5-80

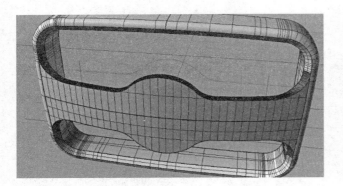

图5-81

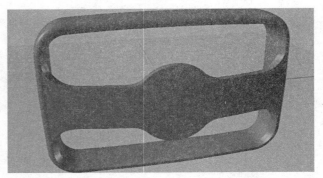

图5-82

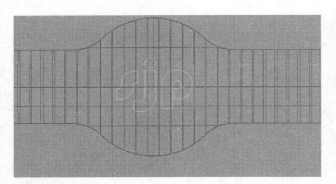

图5-83

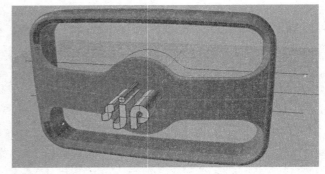

图5-84

位置，如图5-84所示。

⑱复制一个保护架，后移一段距离，把字体（实体）与之进行布尔运算差集（BooleanDifference），再将字体（实体）与第一个保护架实体进行布尔运算差集（BooleanDifference），这样操作的目的可以使凹进的字体是曲面并与凸出的表面基本等距，造型效果比较好一点。19. 至此，一个保护架主体完成。渲染图如图5-63及彩图36所示。

补充命令：

▶ 命令：缩回已修剪曲面（ShrinkTrimmedSrf）

描述：将原始曲面缩减至"接触"曲面修剪边界的大小。可理解为逆向进行曲面的延伸，曲面缩回后，多余的控制点也会被删除。

附注：该命令常用于辅助后续的贴图和渲染。对于修剪过的曲面进行贴图处理的时候，针对原始曲面远比修剪曲面大很多的情况，有时会发现渲染时只有一小部分的贴图会出现在修剪过的曲面上，这是因为贴图会直接贴到整个原始曲面上。使用缩回已修剪曲面（ShrinkTrimmedSrf）命令，会使原始曲面的边缘缩至曲面的修剪边缘附近，使渲染时修剪过的曲面可以显示较大部分的贴图。

〉〉 案例十七：照相机（渐消线）建模

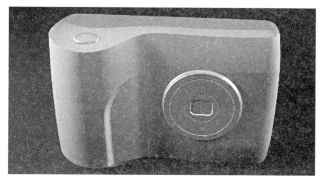

图5-85　相机渲染图

所用命令：

● 双轨扫掠（Sweep2）　● 重建曲面（Rebuild）　● 将平面洞加盖（Cap）　● 单轨扫掠（Sweep1）　● 修剪（Trim）　● 投影曲线（Project）　● 单轴缩放（Scale1D）　● 分割（Split）　● 缩回已修剪曲面（ShrinkTrimmedSrf）　● 混接曲线（Blend）　● 挤出封闭的平面曲线（Pause）

操作步骤：

①绘制照相机主体上下关键轮廓线，如图5-86所示。

②切换到Front视窗，在上一步绘制的两条曲线的QUA点处绘制两条曲线，并以这两条曲线为断面曲线，以上一步的两条曲线为扫掠轨道进行双轨扫掠（Sweep2），如图5-87所示。

③重建该曲面（Rebuild），如图5-88所示。

④给相机顶部加盖（Cap），如图5-89所示。

⑤在适当位置处绘制三条如图5-90所示曲线。

⑥在Top视窗中以步骤①画好的上面一条曲线为轨道，如图5-91所示，以上一步绘制的三条曲线为

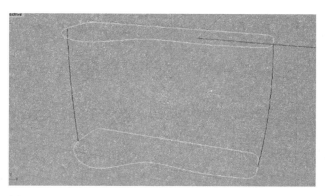

图5-86

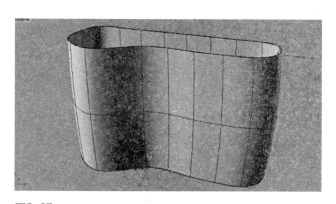

图5-87

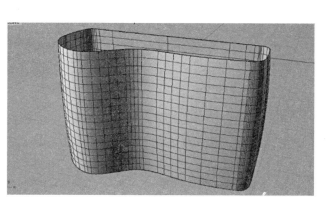

图5-88

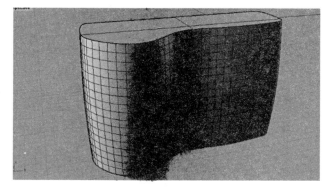

图5-89

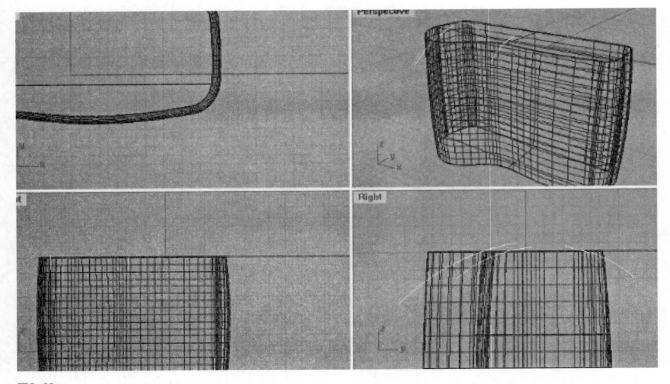

图5-90

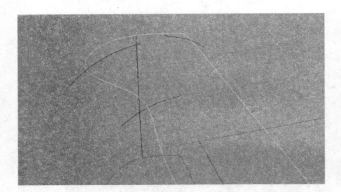

图5-91

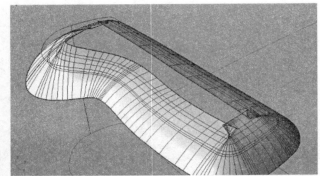

图5-92

断面曲线对顶部进行单轨扫掠（Sweep1）🗝，得到如图5-92所示曲面。

⑦以步骤⑥生成的曲面为边界，对相机主体进行修剪（Trim）🗝，如图5-93所示得到一个新的相机主体，如图5-94所示。

⑧切换到Front视窗，绘制如图5-95所示曲线。

⑨将该曲线投影（Project）🗝到主体曲面上，并以此为边界对曲面进行分割（Split）🗝，如图5-96所示。

⑩对一侧的投影曲线在水平方向进行单轴缩放（Scale1D）🗝，以此为边界对曲面进行修剪（Trim）🗝，如图5-97所示。

⑪对分割后的曲面使用缩回已修剪曲面（ShrinkTrimmedSrf）命令🗝进行缩回，如图5-98所示。

⑫打开分割面的控制点，如图5-99所示，将控制点逐排进行位移调整后得到图5-100（注意：调整时最右侧一排控制点不能移动以保持分割曲面与主体的光滑关系）。

⑬提取底部边界曲线进行混接曲线（Blend）🗝

图5-93

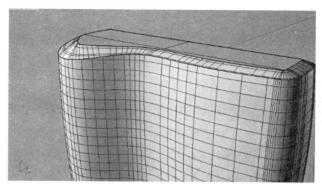

图5-94

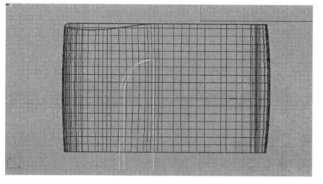

图5-95

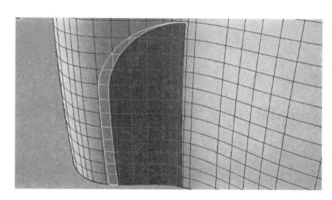

图5-96

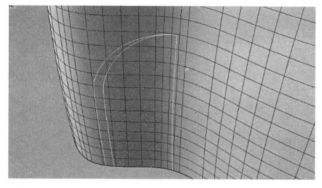

图5-97

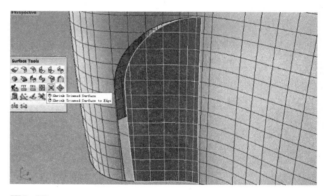

图5-98

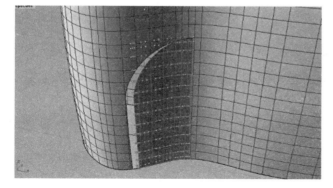

图5-99

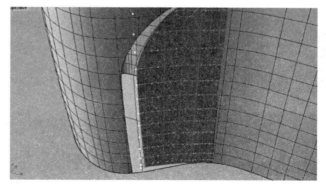

图5-100

操作，获得一条新曲线，如图5-101所示。

⑭以该曲线和曲面的边界轮廓线进行双轨扫掠（Sweep2）🔧，如图5-102所示，得到图5-103、图5-104所示渐消效果。

⑮在Front视窗中绘制一条曲线，以该曲线绕着底部曲面边界轮廓线扫掠（Sweep1）🔧，如图5-105、图5-106所示，得到一个边缘曲面如图5-107所示。

⑯以该曲面为边界，修剪相机主体后获得照相机的基本外形，如图5-108所示。

⑰在Front视窗中绘制一个圆拉伸（Pause）🔲出相机镜头并进行封盖（Cap）🔲处理，如图5-109所示。

⑱若对照相机主体提出要有比较"硬"的效果或内部结构所需，可以在本例第②步的时候多加几条不同形状要求的断面曲线即可，如图5-110所示，至此相机主体轮廓基本完成，相机的其他细节造型比较简单不再添加。渲染图如图5-85及彩图39所示。

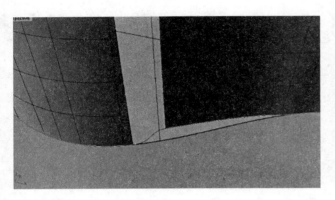

图5-101

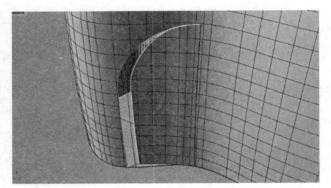

图5-102

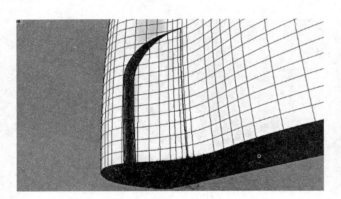

图5-103

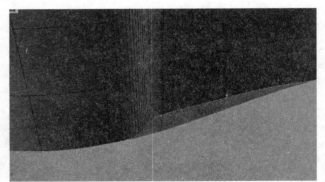

图5-104

图5-105

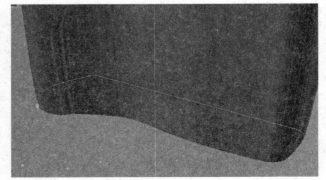

图5-106

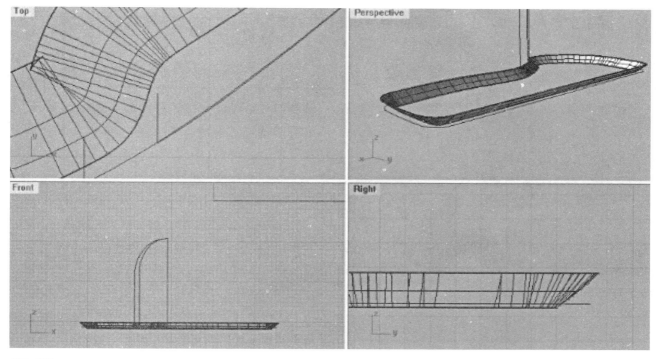

图5-107

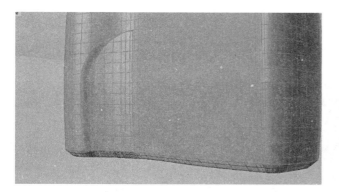

图5-108

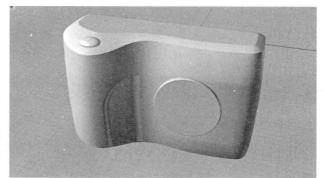

图5-109

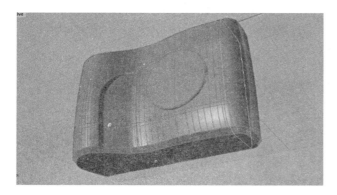

图5-110

补充命令：

▶ 命令：复制面的边框（DupFaceBorder）

描述：复制多重曲面中个别曲面的边框为曲线。

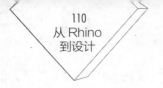

》 案例十八：戴尔显示器造型建模

图5-111 戴尔显示器造型建模渲染图

所用命令：

● 炸开（Explode）Ⅺ ● 复制（Copy）器 ● 双轨扫掠（Sweep2）Ⓐ ● 投影曲线（Project）⬡ ● 分割（Split）₤ ● 修剪（Trim）₰ ● 双轨扫掠（Sweep2）Ⓐ ● 单轴缩放（Scale1D）█ ● 以2、3或4个边缘曲线建立曲面（EdgeSrf）█ ● 偏移曲线（Offset）⬡ ● 组合（Join）🖇 ● 挤出封闭的平面曲线（Pause）█ ● 布尔差集运算（BooleanDifference）◐ ● 布尔运算交集（BooleanIntersection）◑

操作步骤：

①在Front视窗按显示器外观尺寸绘制一个矩形并炸开（Explode）Ⅺ成4条独立线段，切换到Top视窗绘制一条曲线打开控制点（PointsOn）✐调整后如图5-112所示。

②将底部这根曲线复制（Copy）器到上端。以矩形两侧直线为扫掠轨道，并以绘制的上下两条曲线作为断面曲线，扫掠（Sweep2）Ⓐ出曲面。切换到Front视窗绘制两条曲线，如图5-113所示。

③将绘制好的两条曲线投影（Project）⬡到曲面上。以投影好的曲线为边界，将竖直的左右两条直线分离（Split）₤，如图5-114所示。

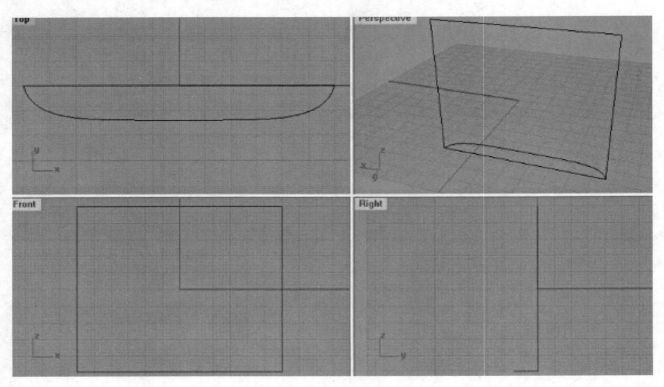

图5-112

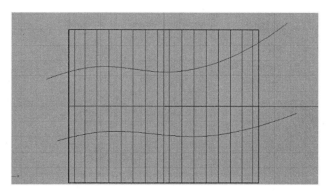

图5-113

④同样以这两条曲线为边界，将显示器的背面曲面修剪（Trim）🔧，如图5-115、图5-116所示。

⑤开启顶部和底部的两条曲线的控制点，将控制点分别调整到适当位置，如图5-117所示。在适当位置处添加一根断面曲线，用双轨扫掠（Sweep2）🔧生成曲面，如图5-118所示。

⑥用单轴缩放命令（Scale1D）🔧在Top视窗中分别将底部曲线适当"压扁"，如图5-119所示，并以该曲线为断面曲线，双轨扫掠（Sweep2）🔧成如

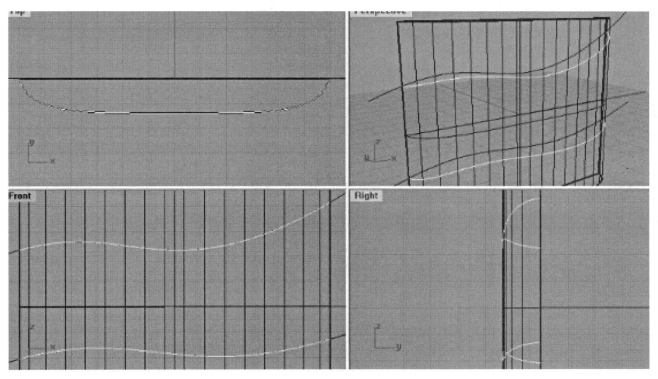

图5-114

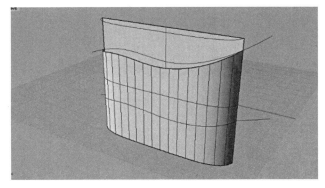

图5-115

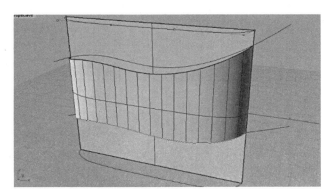

图5-116

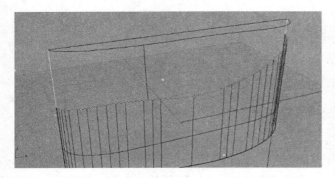

图5-117

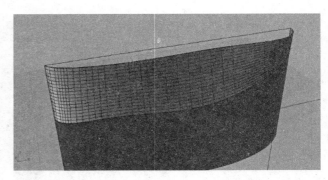

图5-118

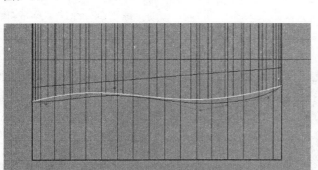

图5-119

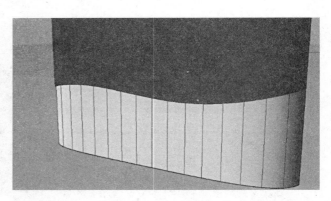

图5-120

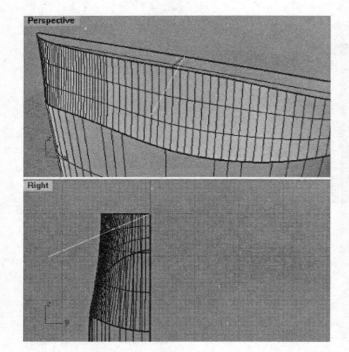

图5-121

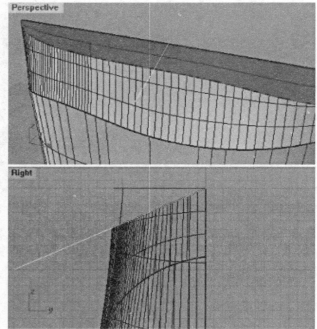

图5-122

图5-120所示效果。

⑦切换到Right视窗绘制一条"直线"如图5-121所示。以该曲线为边界，把该曲面的上端修剪（Trim） 掉，如图5-122所示。

⑧打开中间曲面段的下沿曲线控制点并将其适当调整，将调整好的曲线

作为边界，把步骤⑥画出的扫掠面的上部曲面修剪（Trim）掉，如图5-123所示。以上下两条边缘曲线生成曲面（EdgeSrf）。

⑨将步骤①画出的四条边重新组合表示为显示屏正面。将该线进行偏移（Offset）调整，绘制出显示屏的正面造型，如图5-124、图5-125所示。选中全部曲面后，组合（Join）成一个实体，如图5-126所示。

⑩在Front视窗中绘制如图5-127曲线并拉伸（Pause）出一个实体。将已绘制好的屏实体与拉伸出的实体进行布尔差集运算（BooleanDifference），如图5-128所示。

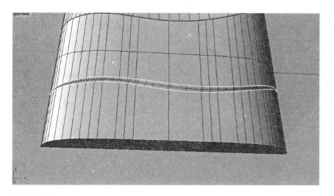

图5-123

图5-124

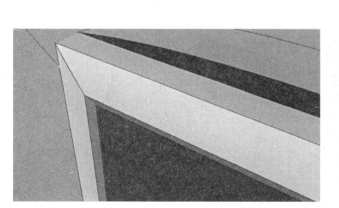

图5-125

图5-126

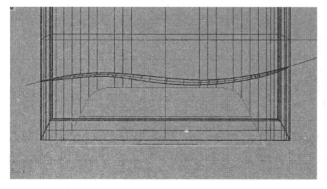

图5-127

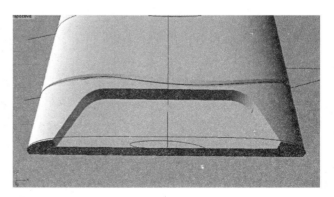

图5-128

⑪在如图5-129所示处绘制铰链结构，并做出支撑造型，如图5-130至图5-132所示。

⑫用复制面的边框(DupFaceBorder)⊡提取支撑件底部的边沿线，用偏距命令（Offset）⋧向外偏距一段距离，将生成好的偏距线再次向外偏距一段距离，将新生成的线垂直向下，移动一段距离后应用放样命令（Loft）⋧在支撑底部做一个加强凸台，如图5-133、图5-134所示。

⑬底座：底座的主要特征是球面加柱面的布尔交集（BooleanIntersection）⊘，读者根据图5-135示自行练习。

⑭至此，初步的戴尔显示器模型基本完成，如图5-136所示。其渲染图如图5-111及彩图42所示。

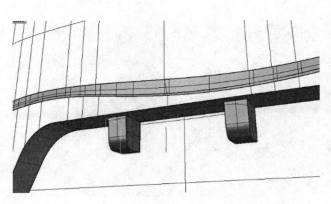

图5-129

图5-130

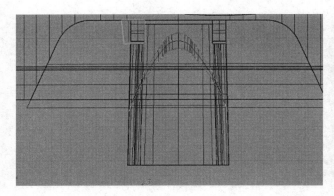

图5-131

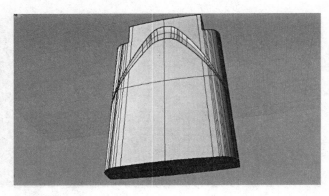

图5-132

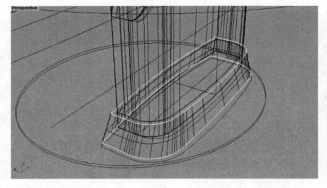

图5-133

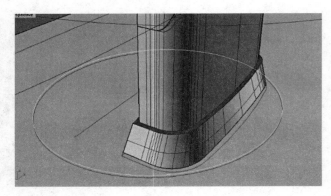

图5-134

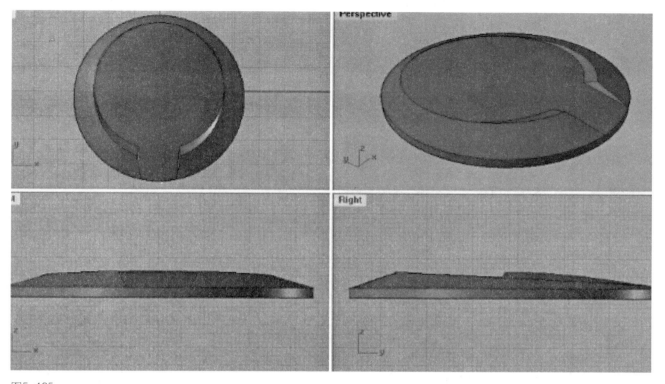

图5-135

图5-136

5.2 综合实例练习

》 案例十九: 叶与花苞

所用命令:

● 控制点曲线（Curve）⬚ ● 镜像（Mirror）⬚ ● 直线挤出（Pause）

⬚ ● 环形阵列（ArrayPolar）⬚ ● 投影曲线（Project）⬚ ● 从网线建立曲面

图5-137　叶与花苞效果图

（NetworkSrf）● 修剪（Trim）● 组合（Join）● 圆管（Pause）● 单轨扫掠（Sweep1）

操作步骤：

①在Top视窗，用画曲线命令（Curve）绘制一条直线，并对该曲线进行调整（Rebuild）至如图5-138所示形状。

②对步骤一所得到的曲线进行镜像复制（Mirror）（图5-139）。

③再次用画曲线命令（Curve）绘制一条曲

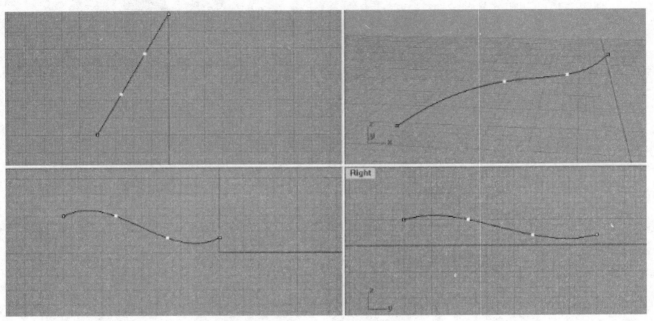

图5-138

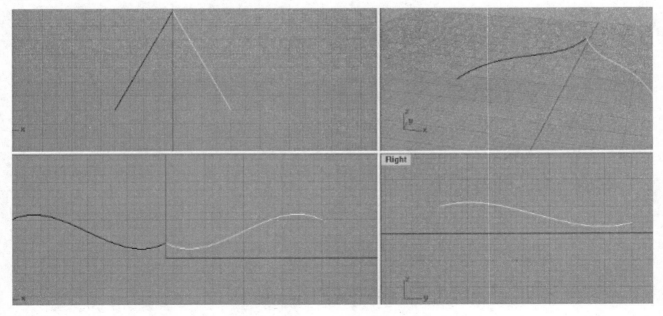

图5-139

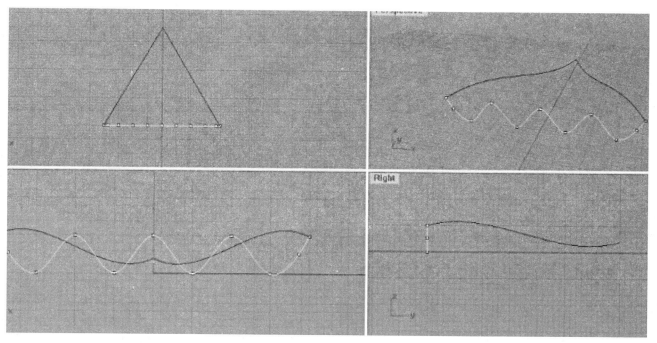

图5-140

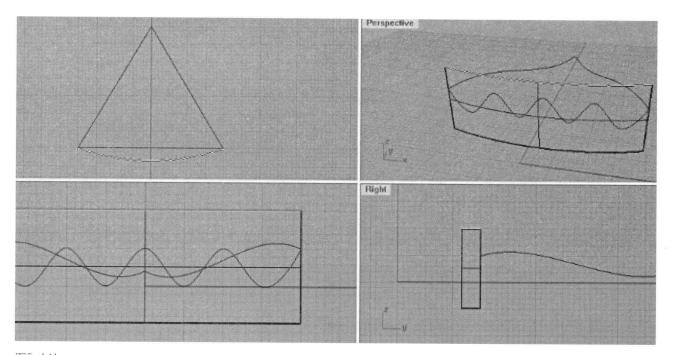

图5-141

线，用该曲线连接经调整后的两条曲线，同样进行曲线的重建、调整，如图5-140所示。

④绘制一条以步骤②所得到的两条曲线端点为始末点的曲线段，并由此挤出（Pause）📖一个曲面，如图5-141所示。

⑤将步骤③调整后的曲线投影（Project）🥫

至该曲面，如图5-142所示。使用从网线建立曲面（NetworkSrf）🔹，生成一个以这三条曲线为边缘的曲面，如图5-143所示。

⑥将该曲面进行环形阵列（ArrayPolar）💠，得到曲面如图5-144所示。

⑦绘制两条直线，并以这两条直线为边界对步

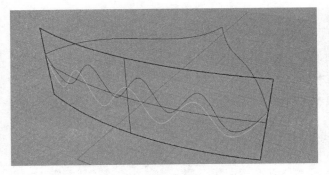

图5-142

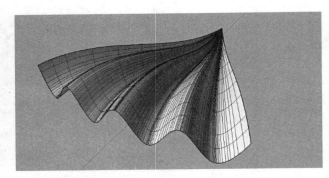

图5-143

图5-144

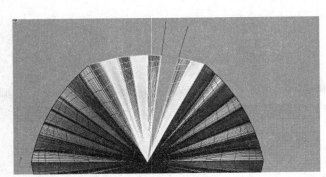

图5-145

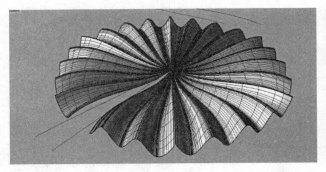

图5-146

图5-147

骤⑥得到的曲面进行修剪（Trim），预留出花径的空隙，如图5-145所示。

　　⑧将所有的曲面组合（Join）起来。至此，一个基本的荷叶造型完成，如图5-146所示。

　　⑨在如图5-147所示位置处绘制一条曲线，使用圆管（Pause）命令做出花径，如图5-148所示。

　　⑩在适当位置绘制圆和曲线作为扫掠截面和轨道进行单轨扫掠（Sweep1），做出花苞形状，如图5-149所示。

　　⑪至此，简单的叶与花苞造型基本完成，如图5-150所示。其渲染图如图5-137及彩图24所示。

图5-148

图5-149

图5-150

》 案例二十：不锈钢调羹设计与建模

所用命令：

• 控制点曲线（Curve） • 镜像（Mirror） • 直线挤出（Pause） • 投影曲线（Project） • 双轨扫掠（Sweep2） • 从网线建立曲面（NetworkSrf）

操作步骤：

①在Top视窗中绘制不锈钢勺的俯视图，先绘制不锈钢调羹的一半，另一半通过镜像（Mirror）获得，如图5-152所示。

②切换到Front视窗，绘制曲线，如图5-153所示。

③对该曲线进行两侧拉伸，拉伸（Pause）出一个曲面。将步骤①绘制的曲线投影（Project）到该曲面，如图5-154所示。

④在Front视窗中绘制两条曲线，如图5-155

所示。

⑤绘制3个平面，分别捕捉平面与步骤③绘制的曲面以及步骤④绘制的曲线交点。通过这些交点绘制断面曲线扫掠（Sweep2）出勺子的手柄部分，如图5-156所示。

图5-151 不锈钢调羹渲染图

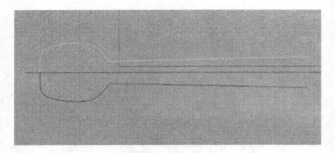

图5-152

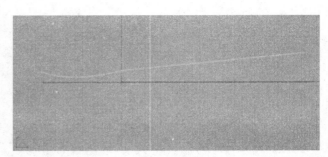

图5-153

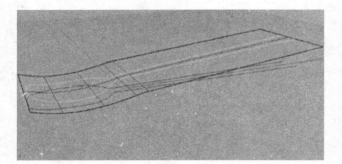

图5-154

图5-155

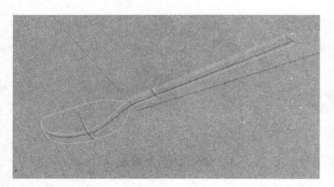

图5-156

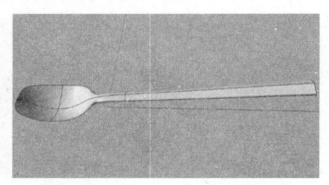

图5-157

图5-158

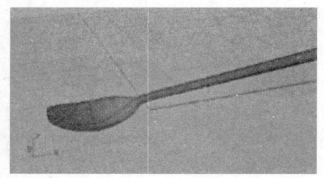

图5-159

⑥通过步骤④绘制的上部曲线以及步骤⑤绘制的上层断面曲线生成不锈钢勺上部曲面（NetworkSrf）🖱️，如图5-157所示。

⑦以同样的方式绘制出不锈钢勺下部曲面，如图5-158所示。

⑧简单渲染得到效果图5-159，再充分渲染得到图5-151及彩图10。

》 案例二十一：木质装饰件设计与建模

图5-160　木质装饰件渲染图

所用命令：

● 指定角度（Angled）　● 镜像（Mirror）　● 单轨扫掠（Sweep1）　● 环形阵列（ArrayPolar）　● 投影曲线（Project）　● 混接曲线（Blend）　● 双轨扫掠（Sweep2）　● 将平面洞加盖（Cap）

● 三轴缩放（Scale）● 单轴缩放（Scale1D）
● 布尔运算差集（BooleanDifference）布尔运算联集（BooleanUnion）

操作步骤：

①在Top视窗中应用画直线命令：指定角度（Angled）　命令绘制如图5-161所示。

②垂直镜像（Mirror）　直线，在这两条直线之间画一条曲线，调整该曲线如图5-162所示以保证曲线对称。

③切换到Front视窗，绘制曲线如图5-163所示。

④以步骤③绘制的曲线为导轨，将步骤②绘制的曲线单轨扫掠（Sweep1）　得到曲面如图5-164所示。

⑤将该曲面以原点为中心环形阵列，环形阵列（ArrayPolar）　得到效果如图5-165、图5-166所示。

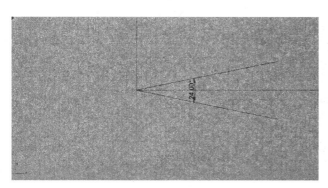

图5-161

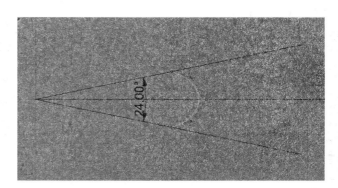

图5-162

图5-163

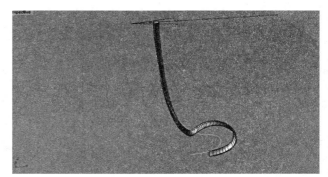

图5-164

⑥切换到Front视窗，在曲线的QUA处中绘制一条直线如图5-167所示，将该线投影（Project）到曲面获得曲线，如图5-168所示。

⑦选取相邻两曲面上的曲线进行混接曲线（Blend）操作，获得曲线如图5-169所示。

⑧以步骤⑦获得的曲线为断面曲线，以两个相邻曲面的边界为导轨，双轨扫掠（Sweep2）得曲面如图5-170所示。

⑨将扫掠好的曲面环形阵列（ArrayPolar），得到效果如图5-171所示。

⑩给顶部封面（Cap）得到效果如图5-172所示。

⑪在顶部绘制一个椭球（实体）并对该椭球分别进行不同方向的缩放

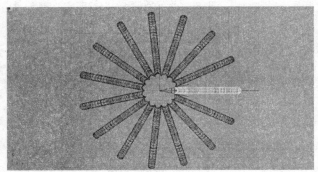

图5-165

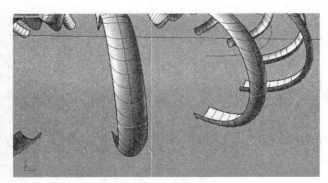

图5-166

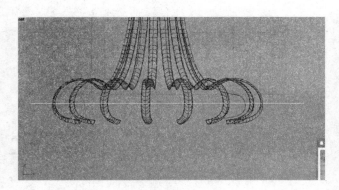

图5-167

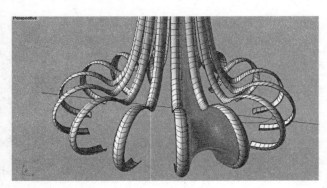

图5-168

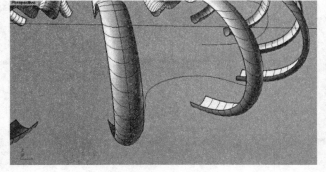

图5-169

图5-170

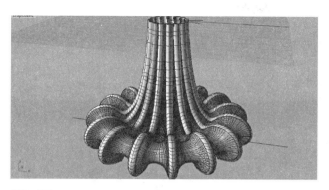

图5-171

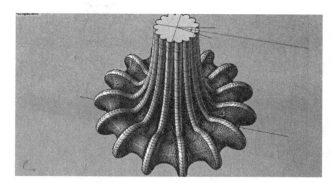

图5-172

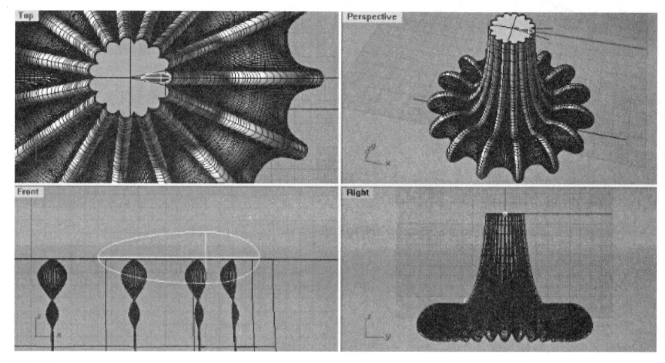

图5-173

图5-174

图5-175

（Scale）🔲，如图5-173、图5-174所示。

⑫将该实体环形阵列（ArrayPolar）✣后与先前完成的曲面实体进行布尔运算差集（BooleanDifference）🔘，得到效果如图5-175所示。

⑬阵列中心处生成一个球，垂直压缩（Scale1D）后与主体布尔运算联集（BooleanUnion），至此，一个基本的木装结构完成，如图5-176、图5-177所示。渲染图如图5-160及彩图18和彩图21所示。

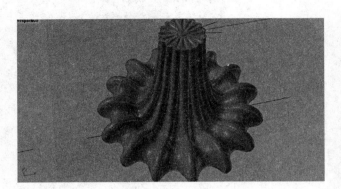

图5-176

图5-177

说明：本例最终获得的是一个装饰性的造型，可以用在家具设计，餐具设计或建筑设计等场合，如果需要，也可以将模型导到其他软件中进一步渲染以获得二维软件难以达到的平面设计效果。

》 案例二十二：投币电话机造型建模

所用命令：

● 挤出封闭的平面曲线（Pause）● 投影曲线（Project）● 单轨扫掠（Sweep1）● 镜像（Mirror）● 修剪（Trim）● 组合（Join）● 双轨扫掠（Sweep2）● 复制（Copy）● 单轴缩放（Scale1D）● 放样（Loft）● 布尔运算差集（BooleanDifference）● 曲面圆角（FilletSrf）

操作步骤：

①在Front视窗中绘制曲线，如图5-179所示。

②由步骤①绘制的曲线拉伸（Pause）出曲面，如图5-180所示。

③切换到Right视窗，绘制图5-181曲线，投影

图5-178 投币机渲染图

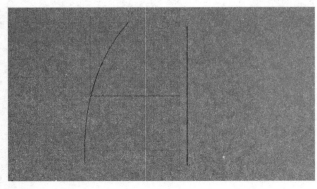

图5-179

（Project）🖰至该曲面如图5-182所示。

④在该曲面的左侧，以单轨扫掠（Sweep1）🖰生成一个曲面，如图5-183所示。

⑤在曲线的端点及适当位置处绘制曲线如图5-184所示（镜像（Mirror）🖰以确保对称）。

⑥以步骤⑤绘制的曲线作为路径进行单轨扫掠（Sweep1）🖰，得到曲面，如图5-185所示。

⑦以扫掠得到的曲面为边界修剪（Trim）🖰左侧曲面，如图5-186所示。

⑧在Front视窗合适位置绘制一条曲线，同样以单轨扫掠（Sweep1）🖰的方式生成曲面，如图5-187所示。

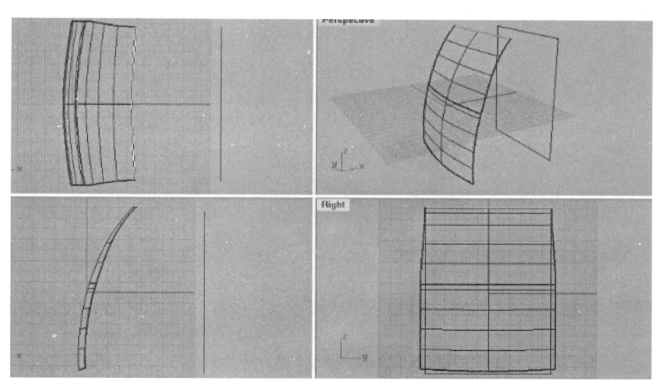

图5-180

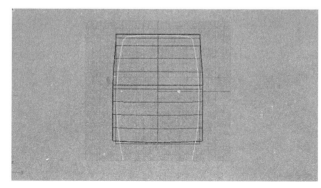

图5-181

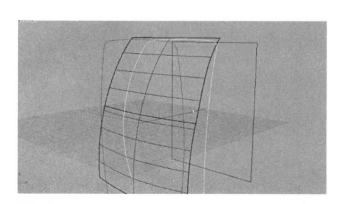

图5-182

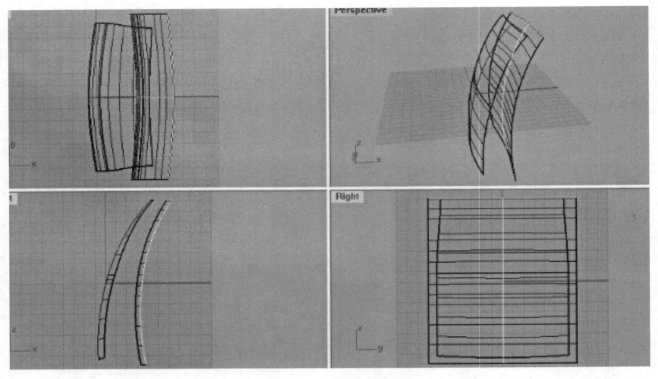

图5-183

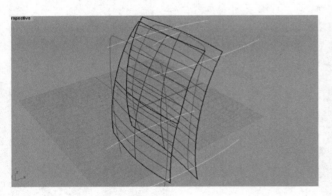

图5-184

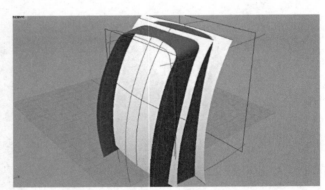

图5-185

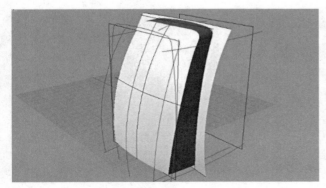

图5-186

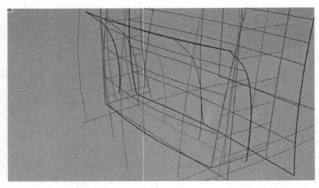

图5-187

⑨修剪后得到图5-188所示面片。将所有面片组合（Join） 成一个复合曲面（构成投币机正面造型），如图5-189所示。

⑩对投币机后壳建模：在Front视窗中绘制一条

曲线如图5-190、图5-191所示，拉伸出第三个曲面，如图5-192所示。将Top视窗中对称的两条曲线与该曲面相交，以相交得到的曲面轮廓线为断面曲线，Top视窗中的两条曲线为路径，扫掠（Sweep2）

图5-188

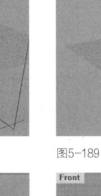

图5-189

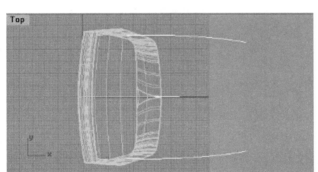

图5-190

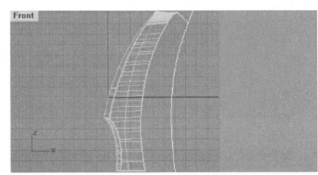

图5-191

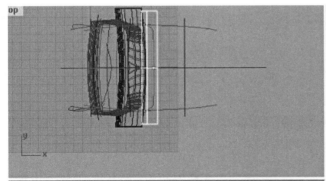
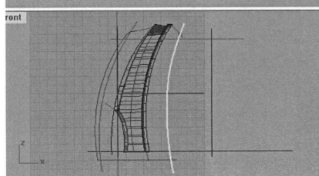

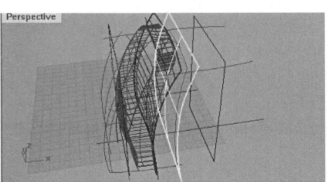
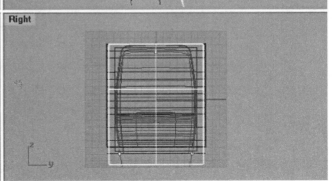

图5-192

出曲面如图5-193至图5-196所示。

⑪将步骤⑩得到的曲面底部切平，如图5-197、图5-198所示。

⑫绘制一个矩形并将其原地复制（Copy），将复制的矩形分别以X轴、Y轴做单轴缩放（Scale1D）。以这两个矩形进行放样（Loft），做出投币电话机的背部，如图5-199、图5-200所示。

⑬以步骤⑫同样的方式做出听筒的形状，将听筒实体调整到适当位置，将投币电话机主体与听筒两者做布尔差集运算（BooleanDifference），如图5-201所示。由此，在投币电话机主体做出听筒位置。

⑭在适当位置做出一个平面，如图5-202所示，在该平面上绘制曲线如图

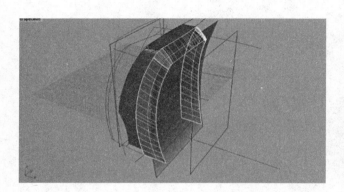

图5-193

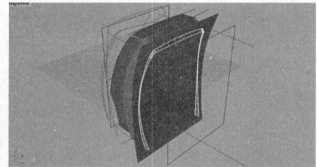

图5-194

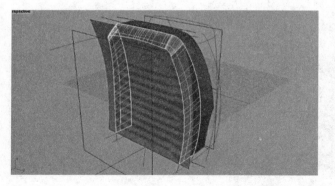

图5-195

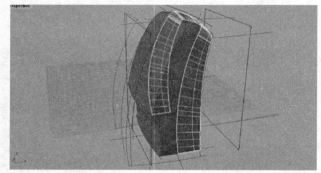

图5-196

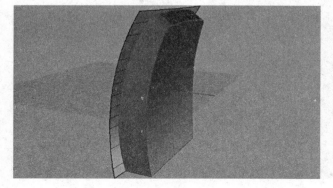

图5-197

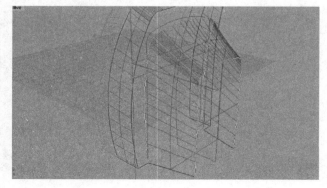

图5-198

图5-199

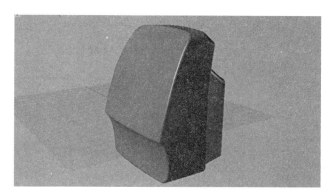
图5-200

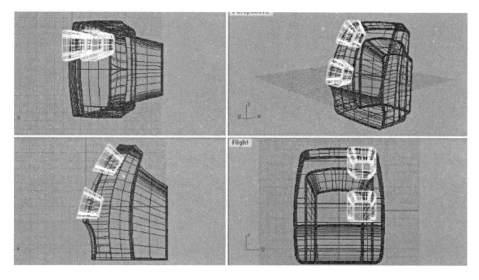
图5-201

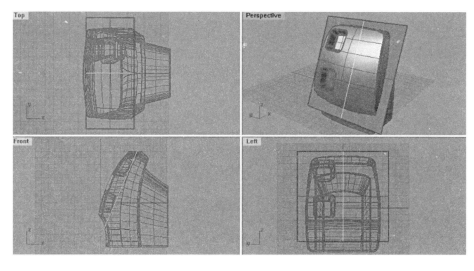
图5-202

5-203、图5-204所示。

⑮通过该曲线拉伸（Pause）📘出一个实体（图5-205、图5-206）。并以该实体与投币机主体做布尔差集运算（BooleanDifference）🔴，做出听筒手柄凹槽部分，如图5-207所示。

⑯对完成好的主体一次性倒圆角（FilletSrf）🔩，如图5-208所示，至此，一个投币电话机主体基本完成。渲染图如图5-178及彩图29所示。

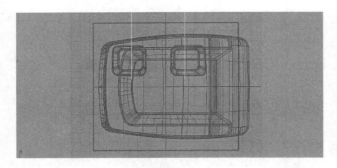

图5-203

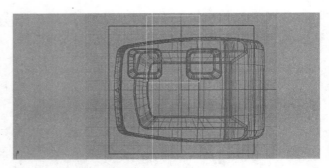

图5-204

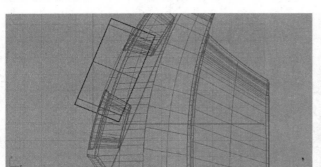

图5-205

图5-206

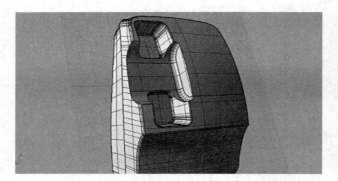

图5-207

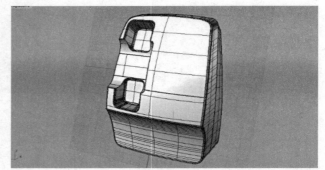

图5-208

》 案例二十三：铲车造型建模

所用命令：

● 从网线建立曲面（NetworkSrf） ● 投影曲线（Project） ● 挤出封闭的平面曲线（Pause） ● 布尔运算差集（BooleanDifference） ● 旋转成形（Revolve） ● 环形阵列（ArrayPolar） ● 复制（Copy） ● 镜像（Mirror）

操作步骤：

车身主体的建模：

① 根据铲车车身造型画出车身曲面的关键线，如图5-210所示。

② 依据步骤①绘制的轮廓线生成曲面（NetworkSrf） ，如图5-211、图5-212所示。

图5-209 铲车渲染图

③切换到Front视窗绘制若干曲线，投影（Project）到曲面上曲线对曲面进行适当调整，如图5-213所示。简单渲染后得到效果如图5-214所示。

④绘制一条曲线，拉伸（Pause）成实体（图5-215），并对调整后的曲面实体进行布尔运算差集（BooleanDifference）。

⑤同理，在前轮位置处生成一个圆柱，布尔运算差集（BooleanDifference）后，做出前轮位置，

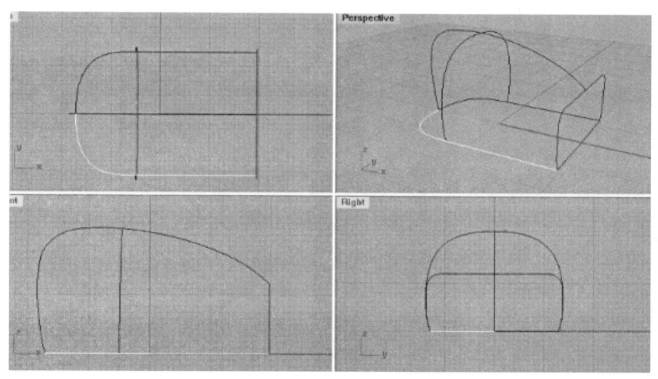

图5-210

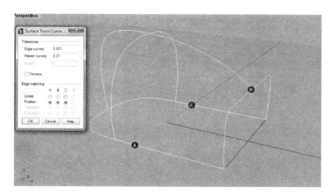

图5-211

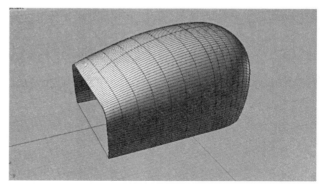

图5-212

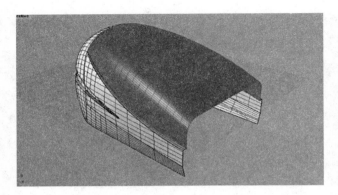

图5-213

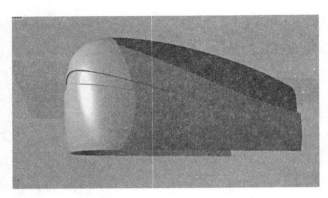

图5-214

图5-215

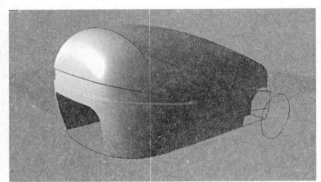

图5-216

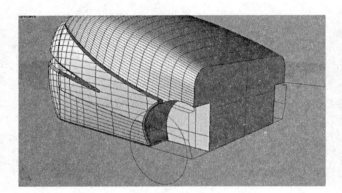

图5-217

图5-218

如图5-216、图5-217所示。

⑥绘制出车轮单体，可先用旋转（Revolve）💡得到车轮主体，再绘制轮胎表面纹路的截面曲线，拉伸（Pause）🔲成实体代表轮胎的一个纹路，然后使用环形阵列（ArrayPolar）⚙命令对之进行陈列与车轮主体同样进行布尔运算差集（BooleanDifference）🌑，如图5-218所示。

⑦使用复制（Copy）🔡、镜像（Mirror）⬥命令做出铲车的另外两个车轮，如图5-219所示。

⑧用画曲线（Curve）➰命令绘制曲线，并将以这些曲线建立曲面（NetworkSrf）🔳做出铲车车篷，如图5-220所示。

⑨在车篷顶部"减去"（BooleanDifference）🌑一个矩形曲面，如图5-221所示。

⑩在适当的位置做出车椅和方向盘，如图5-222所示。

⑪在Top视窗中绘制车篷需要镂空的部分，拉伸（Pause）🔲出实体（图5-223），同样对车篷进行布

图5-219

图5-220

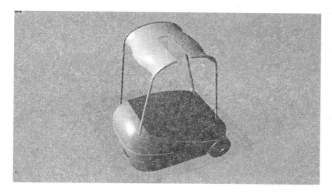

图5-221

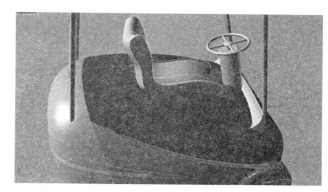

图5-222

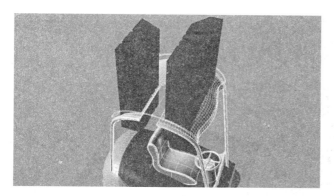

图5-223

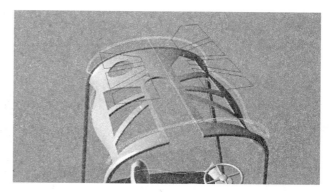

图5-224

图5-225

尔运算差集（BooleanDifference），如图5-224
所示。

⑫做出铲车前段的货叉和叉架部分，如图5-225
所示。

⑬至此，一个铲车造型基本完成，简单渲染图
如图5-209及彩图34所示。

》 案例二十四：鼠标设计与建模

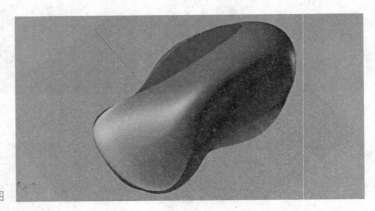

图5-226 鼠标渲染图

所用命令：

• 偏移曲线（Offset）⤵ • 移动（Move）⤢ • 2D旋转（Rotate）▱ • 双
轨扫掠（Sweep2）⤿ • 分割（Split）⊞ • 混接曲线（Blend）⤽ • 直线挤出
（Pause）▦ • 从网线建立曲面（NetworkSrf）⤸

操作步骤：

①在Top视窗中绘制鼠标俯视轮廓形状，如图5-227所示。

②将该曲线轮廓偏移（Offset）⤵如图5-228所示并向下移动（Move）
⤢适当距离，将上端曲线旋转（Rotate）▱一个角度以满足造型上的需要。

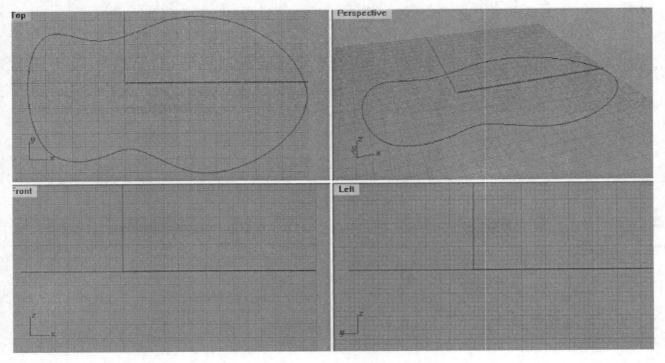

图5-227

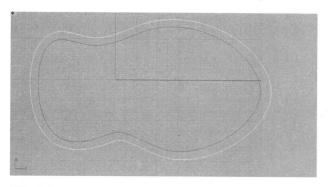

图5-228

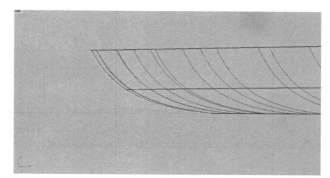

图5-229

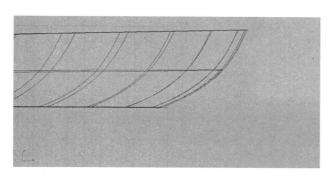

图5-230

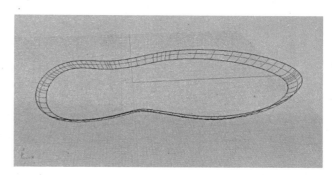

图5-231

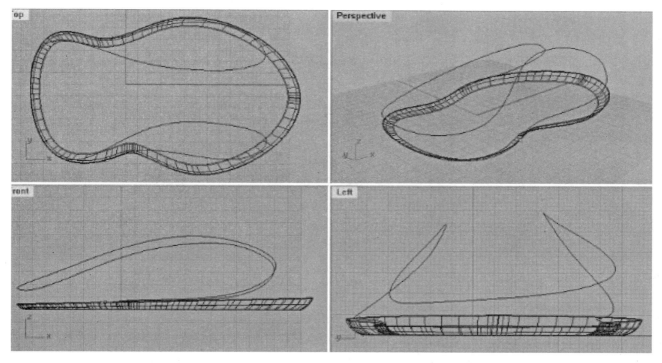

图5-232

③在图5-228所示曲线的端部绘制曲线，如图5-229、图5-230所示，连接上下两条线作为断面曲线，双轨扫掠（Sweep2），如图5-231所示。

④在空间绘制曲线如图5-232所示。

⑤将上端曲线适当位置处分离（Split）。分别与上端左侧曲线混接（Blend），如图5-233所示。

⑥按设计造型要求，在适当位置添加几条曲线，如图5-234所示，双轨扫掠出（Sweep2）鼠标上

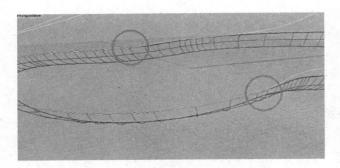

图5-233

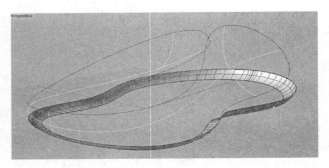

图5-234

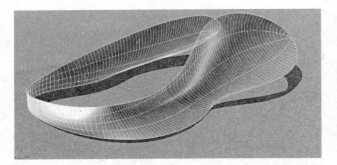

图5-235

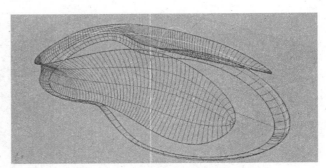

图5-236

部的部分造型，如图5-235、图5-236所示。

　　⑦绘制顶部空间曲线，沿线绘制几条断面曲线，如图5-237至图5-239所示。为了避免生成的曲面产生尖角，边界曲线相切处作一条直线并挤出

（Pause）▣（左右两条），如图5-240所示。

　　⑧将挤出平面与侧面曲面求交线，进行曲线混接（Blend）↩（左右两条），如图5-241、图5-242所示。

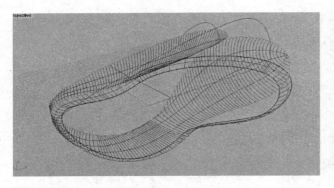

图5-237

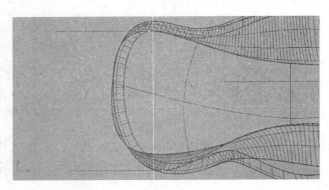

图5-238

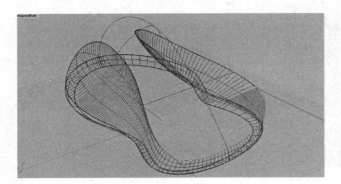

图5-239

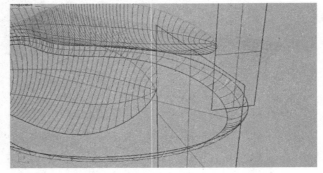

图5-240

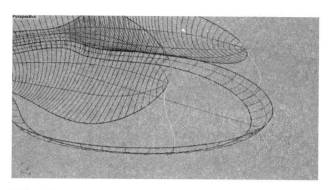

图5-241

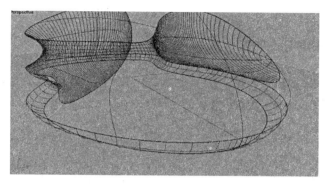

图5-242

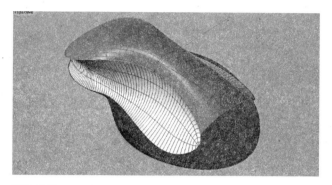

图5-243

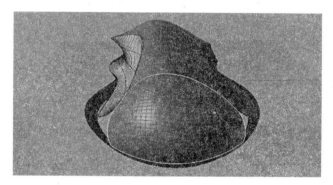

图5-244

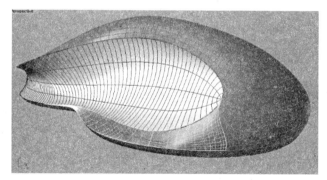

图5-245

⑨顶部分两次用网格曲面（NetworkSrf）命令生成曲面，如图5-243、图5-244所示。

⑩下端两侧各加一条控制形态的断面曲线，用双轨扫掠（Sweep2）生成曲面，如图5-245所示。

⑪至此，一个鼠标的主要造型基本完成，渲染如图5-226及彩图35所示，其他细节可以在此基础上逐步做出，此处略。

》 案例二十五：喷雾药瓶建模

所用命令：
● 旋转成形（Revolve）● 矩形阵列（Array）● 投影曲线（Project）● 镜像（Mirror）● 挤出封闭的平面曲线（Pause）● 布尔运算差集（BooleanDifference）● 修剪（Trim）● 曲面混接（BlendSrf）

操作步骤：
①在Top视窗中绘制曲线如图5-247、图5-248所示，旋转（Revolve）出喷雾药瓶基础形，如图5-249、图5-250所示。

②在Front视窗中绘制曲线如图5-251所示，打开该曲线的控制点并进行适当调整如图5-252所示。

③对调整后的曲线进行阵列（Array）▦，并投影（Project）🗊到曲面上，如图5-253、图5-254所示。

④选中步骤②调整过的曲线对称镜像（Mirror）▥，如图5-255所示，适当调整，并以此拉伸（Pause）▣出一个实体，如图5-256、图5-257所示，将喷雾药瓶主体与该实体进行布尔运算差集（BooleanDifference）🝆，效果如图5-258所示。

⑤将边缘轮廓线向内进行适当偏移（Offset）🝆如图5-259所示，以此为界，做出喷雾药瓶壁厚如图

图5-246　喷雾药瓶渲染图

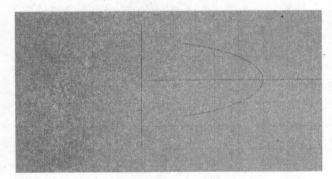

图5-247

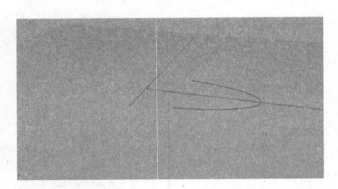

图5-248

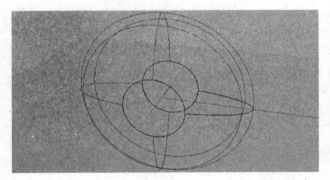

图5-249

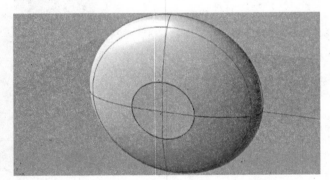

图5-250

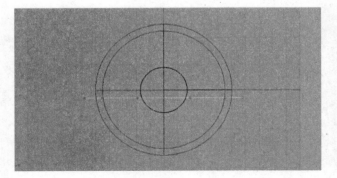

图5-251

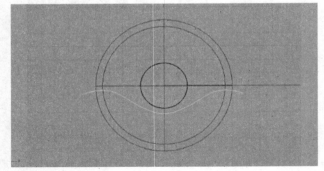

图5-252

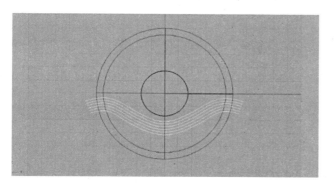

图5-253

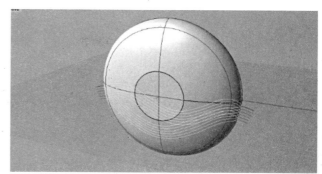

图5-254

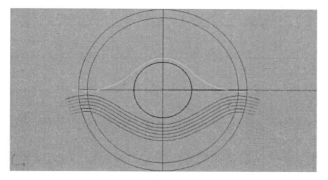

图5-255

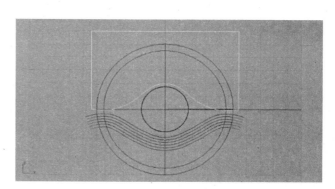

图5-256

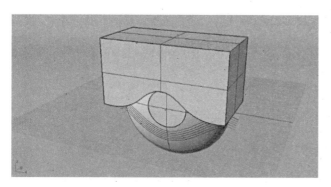

图5-257

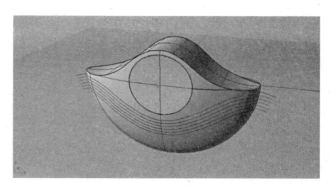

图5-258

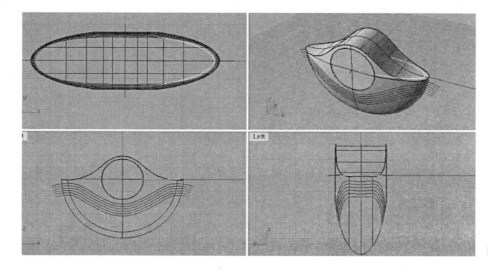

图5-259

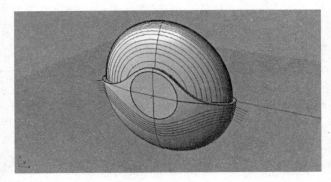

图5-260

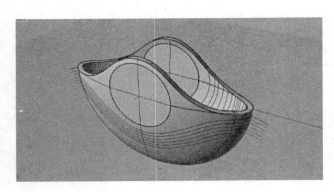

图5-261

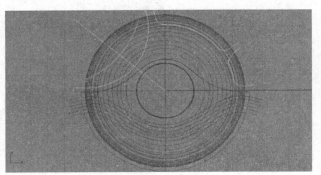

图5-262

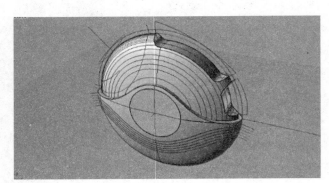

图5-263

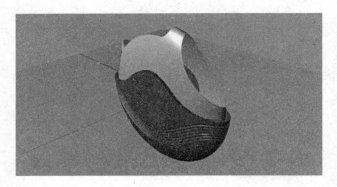

图5-264

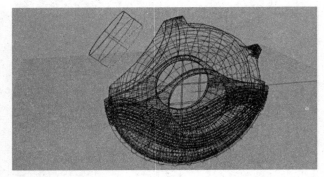

图5-265

5-260、图5-261所示。

　　⑥在Front视窗中绘制如图5-262所示曲线，以此为界，对喷雾药瓶主体进行切除（Trim）🔧，如图5-263所示。分层进行简单渲染，得到效果如图5-264所示。

　　⑦在适当位置做出喷雾药瓶的瓶口部分，如图5-265所示。

　　⑧将步骤⑦与图5-265所示的曲面混接（BlendSrf）🔧，如图5-266所示。

⑨以步骤⑦同样的方式做出瓶口，如图5-267、图5-268所示。

⑩至此，一个喷雾药瓶基本完成，如图5-269所示。渲染如图5-246及彩图46所示。

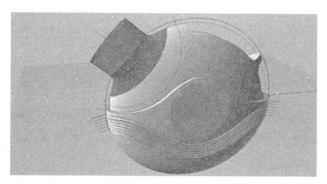

图5-266

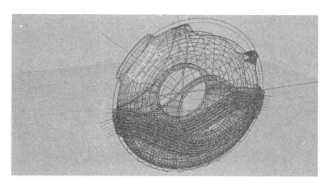

图5-267

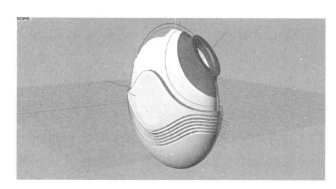

图5-268

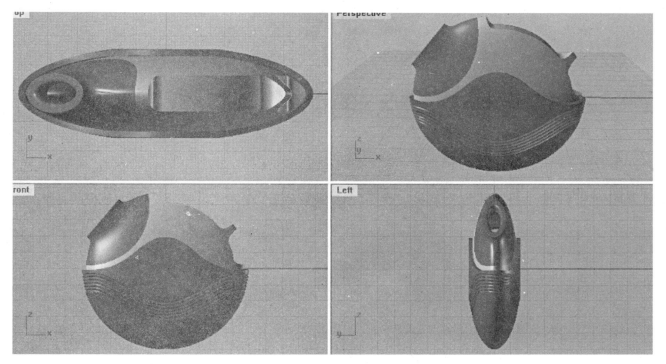

图5-269

>> 案例二十六：PET瓶体建模

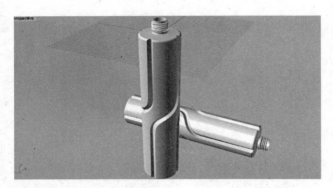

图5-270　PET瓶体渲染图

所用命令：

● 多重直线（Polyline）⚡● 曲线圆角（Fillet）🔧● 旋转成形（Revolve）💡● 投影曲线（Project）🗂● 修剪（Trim）✂● 混接曲线（Blend）🔀● 拉回曲线（Pull）🗂● 组合（Join）🔗● 延伸曲线（Extend）⚡● 2D旋转（Rotate）🔄● 移动（Move）🔀● 单轨扫掠（Sweep1）🖌● 环形阵列（ArrayPolar）🔅● 不等距边缘圆角（FilletEdge）🔲● 布尔运算联集（BooleanUnion）🔷● 螺旋线（Spiral）🔆

操作步骤：

①在Front视窗中使用多重直线（Polyline）⚡命令绘制两条直线如图5-271所示［注意：在直线的角点处需倒圆角（Fillet）🔧］。

②以步骤①绘制的轮廓曲线绕中心轴旋转（Revolve）💡，得到瓶身主体，如图5-272所示。

③在瓶身主体外表面画两条相隔90°的垂直线，分别投影（Project）🗂到瓶身上如图5-273、图5-274所示。

④在Front视窗中，在适当位置绘制两条水平直线如图5-275、图5-276所示。

⑤以两条水平线为边界，对两条垂直线进行修剪（Trim）✂（修剪掉中间部分），如图5-277、图

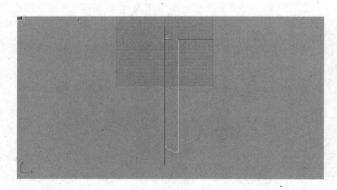

图5-271

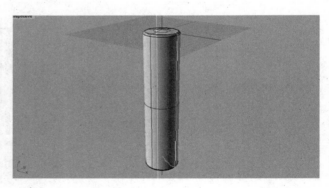

图5-272

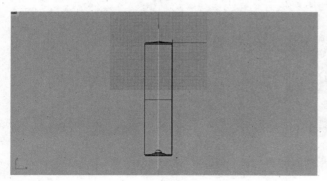

图5-273

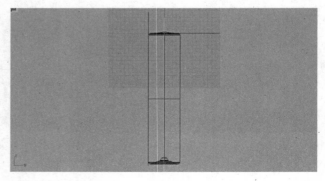

图5-274

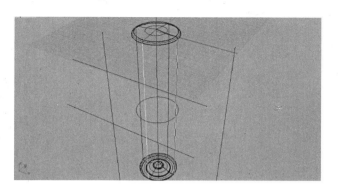

图5-275

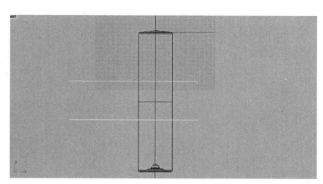

图5-276

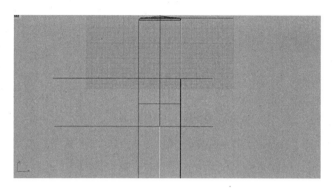

图5-277

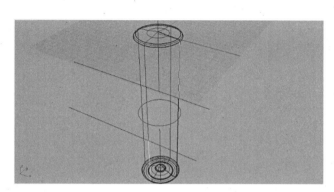

图5-278

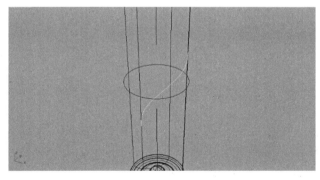

图5-279

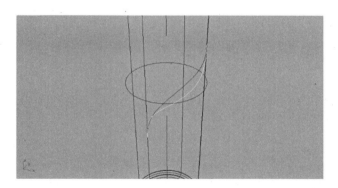

图5-280

5-278所示。

⑥找到线段端点，以此为曲线的始末点对相隔90°的两条垂直线混接
（Blend），生成混接曲线，如图5-279所示。

⑦将混接曲线投影（Pull）至瓶身上，如图5-280所示。

⑧将三条线段组合（Join），如图5-281所示，将该组合线的两个端部
各向上下延伸（Extend）少许如图5-282所示。

⑨切换到Top视窗，绘制开放的"三角形"，对这个"三角形"复制旋转
（Rotate）90°并移动（Move）到底部适当位置，如图5-283至图5-286
所示。

⑩沿侧边轨道进行扫掠（Sweep1），得到效果如图5-287所示。

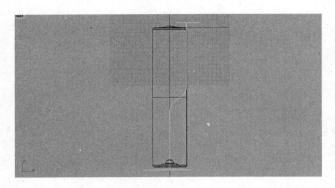

图5-281

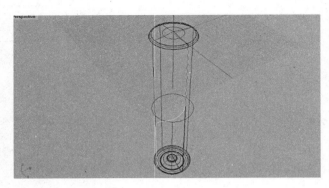

图5-282

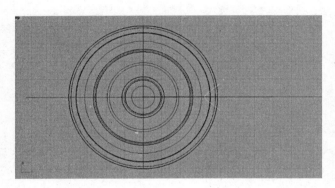

图5-283

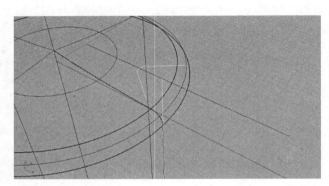

图5-284

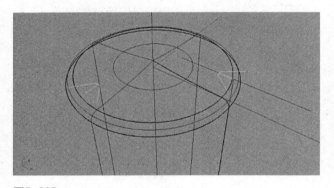

图5-285

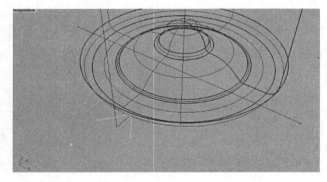

图5-286

⑪将扫掠得到的曲面环形阵列（ArrayPolar）
4个，得到效果如图5-288至图5-290所示。

⑫以步骤⑩得到的曲面为边界对瓶身进行修剪
（Trim），如图5-291所示。

⑬以瓶身为边界对四个条形曲面进行修剪
（Trim）得图5-292所示。

⑭对瓶身倒圆角（FilletEdge），如图5-293、
图5-294所示。

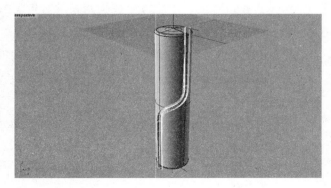

图5-287

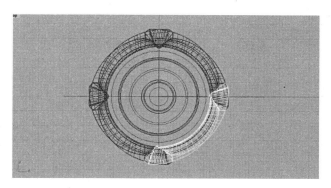

图5-288

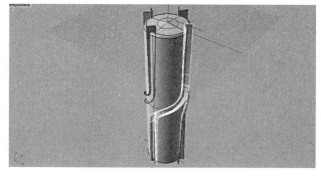

图5-289

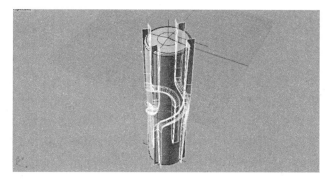

图5-290

⑮在顶部适当位置绘制一高一扁两个圆柱筒，高圆柱筒与瓶身"布尔加"（BooleanUnion）🔵后进行倒圆角如图5-295所示。

⑯高圆柱筒表面绘制螺旋线（Spiral）🌀，作为瓶口螺纹的扫掠轨道线，画一个等边三角形作为断面曲线，用单轨扫掠（Sweep1）🖌生成瓶口螺纹形状，如图5-296所示。

⑰将螺纹曲面"封面"，最后的外观建模造型渲染效果如图5-270及彩图15所示。

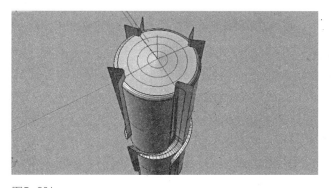

图5-291

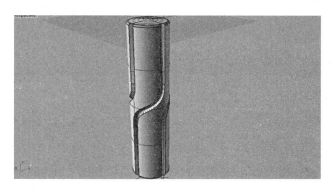

图5-292

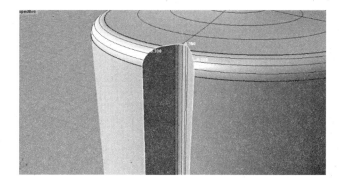

图5-293

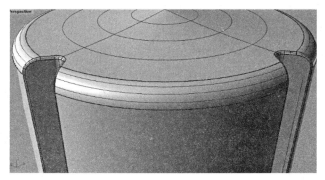

图5-294

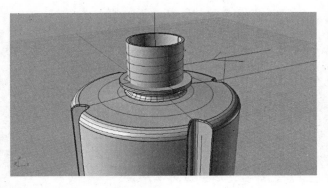

图5-295

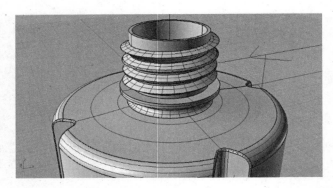

图5-296

>> 案例二十七：电脑音箱建模

图5-297　小音箱渲染图

所用命令：

　　●直线挤出（Pause）　●投影曲线（Project）　●镜像（Mirror）　●放样（Loft）　●修剪（Trim）　●双轨扫掠（Sweep2）　●移动（Move）　●混接曲面（BlendSrf）　●复制（Copy）　●布尔运算差集（BooleanDifference）　●不等距边缘圆角（FilletEdge）　●布尔运算交集（BooleanIntersection）

　　操作步骤：

　　①在Front视窗中绘制曲线，如图5-298所示。

　　②切换到Top视窗，绘制一条曲线，如图5-299所示。

　　③通过该曲线拉伸（Pause）出一个曲面，如图5-300、图5-301所示。

　　④切换到Right视窗，绘制音箱轮廓曲线（图5-302），投影（Project）到该曲面生成两条空间曲线（图5-303），将这两条空间曲线对称镜像（Mirror）到另一侧，得到效果如图5-304所示。

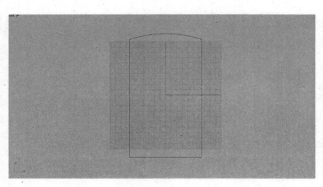

图5-298

图5-299

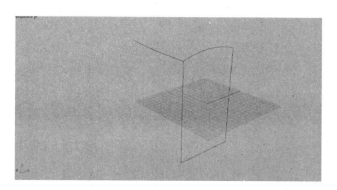

图5-300

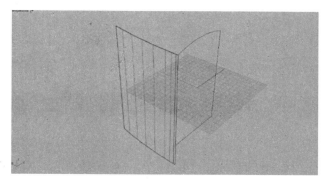

图5-301

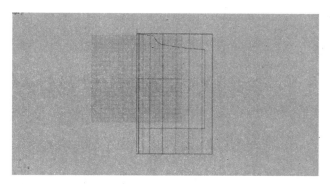

图5-302

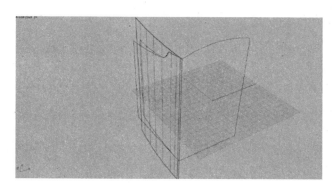

图5-303

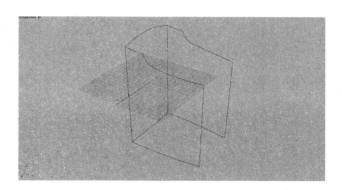

图5-304

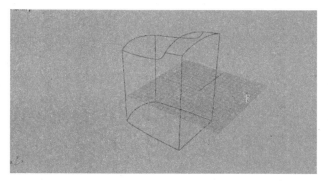

图5-305

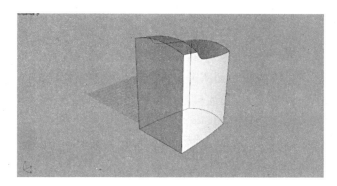

图5-306

⑤将顶部适当位置绘制一条曲线并进行调整，如图5-305所示，构建新的轮廓线，并以此生成曲面，简单渲染得到效果如图5-306所示（注意：为了方便后续的布尔运算顺利进行，此处不应做倒圆角）。

⑥切换至Top视窗，绘制一条直线（图5-307），拉伸出一个曲面（Pause）▣，如图5-308所示。

⑦将第①步做出的封闭曲线向内侧偏距一段距离投（Project）▣到该曲面上，如图5-309所示。

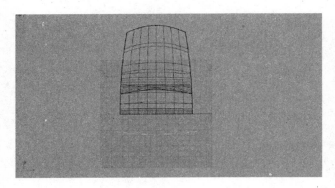

图5-307

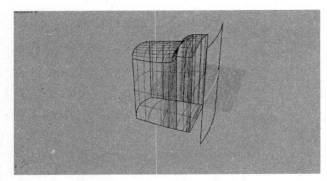

图5-308

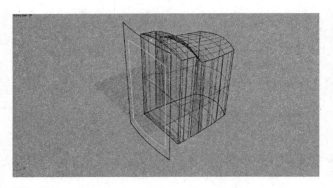

图5-309

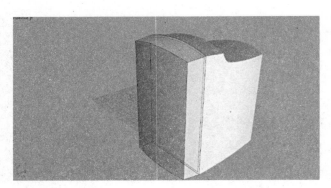

图5-310

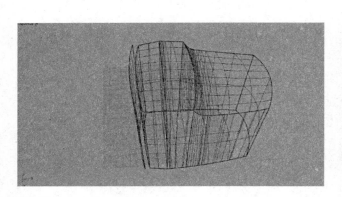

图5-311

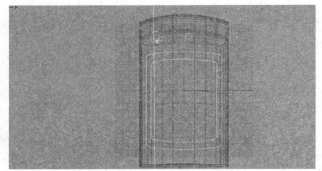

图5-312

⑧将该曲线和第①步画的曲线的对应点绘制直线段（共4条），并以此为断面线放样（Loft）🎷，得到完整的音箱主体，如图5-310所示。将主体最前面的面向前偏距复制一个面（形成喇叭出音口曲面），如图5-311所示。

⑨在Front视窗中绘制两条封闭曲线和4个圆如图5-312所示，将外侧封闭曲线投（Project）📇到音箱主体上，同理将内侧封闭曲线投（Project）📇到喇叭出音口曲面，如图5-313所示，待用。

⑩将左侧大圆和右侧小圆投（Project）📇到音箱最前面的曲面上，在投好的圆的上下画两条水平直线修剪（Trim）🛠掉部分曲面，如图5-314所示。

⑪绘制曲线如图5-315所示。调整控制点如图5-316所示，以该曲线为边界对音箱侧边曲面进行切除（Trim）🛠，如图5-317所示。

⑫以上一步绘制的曲线为断面曲线，上下两条边界曲线为导轨，双轨扫掠（Sweep2）🔧建立曲面，如图5-318、图5-319所示。

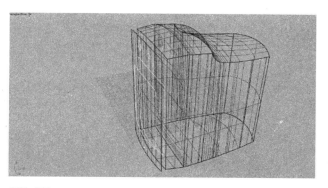

图5-313

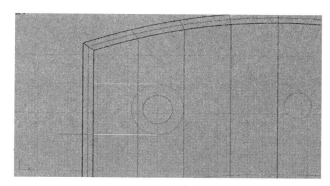

图5-314

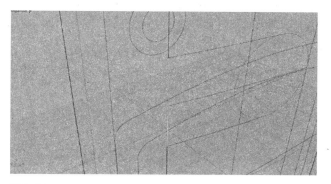

图5-315

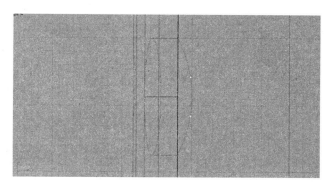

图5-316

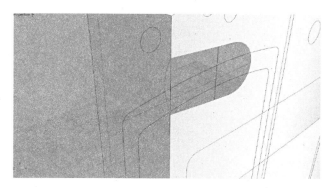

图5-317

⑬将同心小圆后移（Move）一段距离，向后拉伸（Pause）出曲面，以大圆为边界，修剪（Trim）掉上一步生成的曲面，如图5-320所示。

⑭将前面曲面与后面的圆柱状曲面进行混接（BlendSrf），如图5-321所示。

⑮将右侧的一个圆拉伸（Pause）为圆柱体并在右侧的适当位置复制（Copy）一个，与音箱的

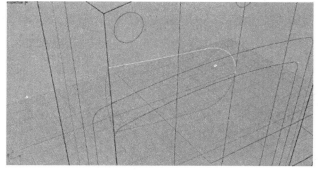

图5-318

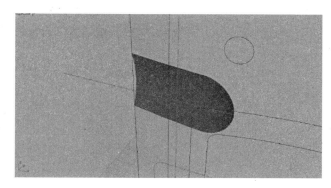

图5-319

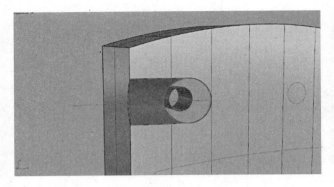

图5-320

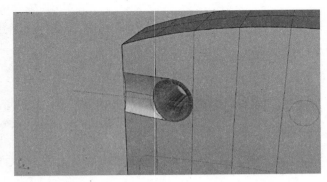

图5-321

图5-322

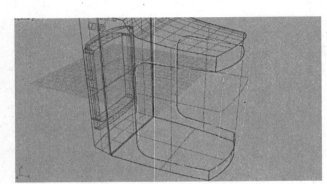

图5-323

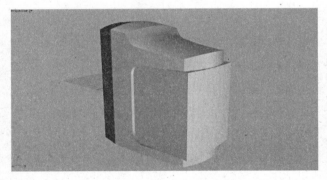

图5-324

图5-325

前部进行布尔减（BooleanDifference）并倒圆角（FilletEdge）处理。

⑯将喇叭出音口曲面沿曲线外侧修剪（Trim）掉，同理将音箱主体前部曲面沿曲线将内侧修剪（Trim）掉，由两根封闭曲线水平拉伸成曲面，平面封底，通过修剪（Trim）得到音箱前部效果如图5-322所示。

⑰音箱背后部分处理：在Right视窗画出一个封闭曲线并拉伸为实体，复制一个隐藏，与音箱主体布尔运算差集（BooleanDifference），在Top视窗画一个封闭曲线并垂直拉伸出一个造型，显示隐藏实体，两者布尔运算交集（BooleanIntersection），得到造型，如图5-323、图5-324所示。

⑱至此，完成小音箱造型建模如图5-325、图5-297及彩图40所示。

》 案例二十八：带灯的收音机建模

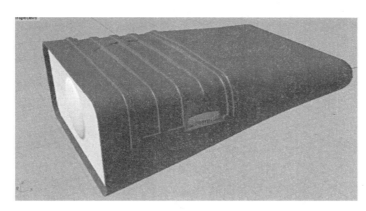

图5-326　收音机渲染图

所用命令：

● 双轨扫掠（Sweep2）● 从网线建立曲面（NetworkSrf）● 单轨
扫掠（Sweep1）● 矩形阵列（Array）● 投影曲线（Project）● 圆
角矩形（Pause）● 复制（Copy）● 将平面洞加盖（Cap）● 圆柱体
（Cylinder）● 布尔运算交集（BooleanIntersection）● 群组（Group）
● 移动（Move）● 布尔运算差集（BooleanDifference）

操作步骤：

①根据收音机外轮廓画出其表面曲面的关键线，如图5-327所示。

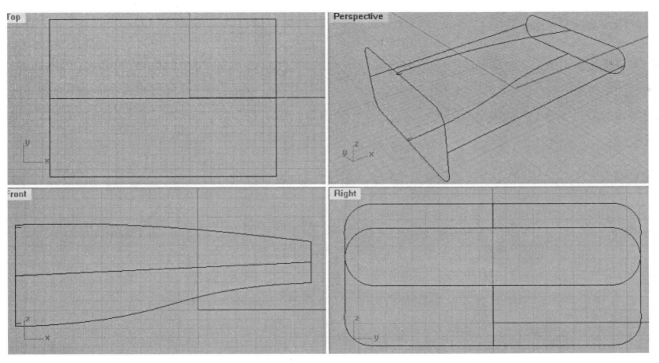

图5-327

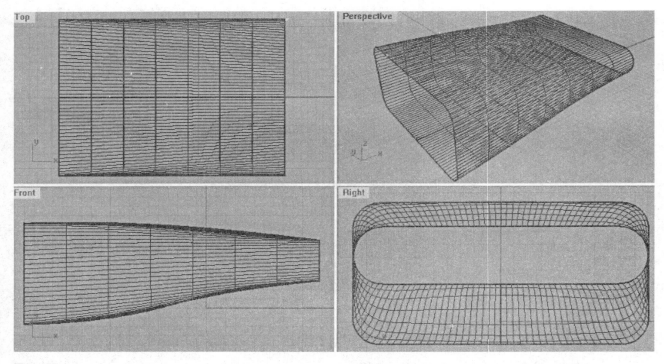

图5-328

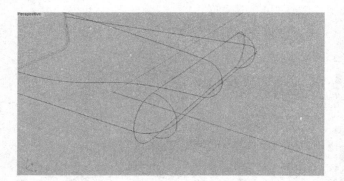

图5-329

图5-330

图5-331

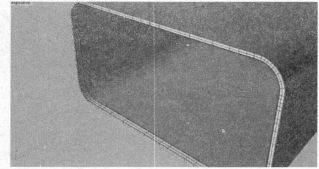

图5-332

②以步骤①绘制的轮廓线生成曲面双轨扫掠（Sweep2）🔧，如图5-328所示。

③在底部绘制出若干条如图5-329所示控制线，生成曲面（NetworkSrf）🔧如图5-330所示，将两个曲面组合为一个复合曲面。

④在端面曲线中点处画一条如图5-331所示折线，以端面曲线为导轨，单轨扫掠（Sweep1）🔧成一个环面，如图5-332所示。

⑤切换至Top视窗，绘制一条直线并以X轴为方向阵列（Array）▦。将阵列得到的直线投影（Project）🗄至壳体曲面，如图5-333所示。

⑥在一条曲线的端部绘制带圆角的矩形（Pause）🗂，该矩形复制（Copy）🔛到4条线的端部，如图5-334所示。

⑦将步骤⑥绘制的矩形作为断面曲线进行扫掠（Sweep1）🖋，两端封口（Cap）🗃，如图5-335所示。

⑧将步骤⑦扫掠（Sweep1）🖋得到的4条曲面进行复制（Copy）🔛。在适当位置绘制一个圆柱（Cylinder）🗄，以该圆柱面与4个实体进行布尔运算交集（BooleanIntersection）🗂，得到收音机喇叭口形状，将之群组（Group）🗃，如图5-336所示。显示复制的4个实体，将收音机主体与之布尔运算差集（BooleanDifference）🗂得图5-337效果。

⑨将群组后的实体下移适当距离适当下移（Move）🗗，如图5-338所

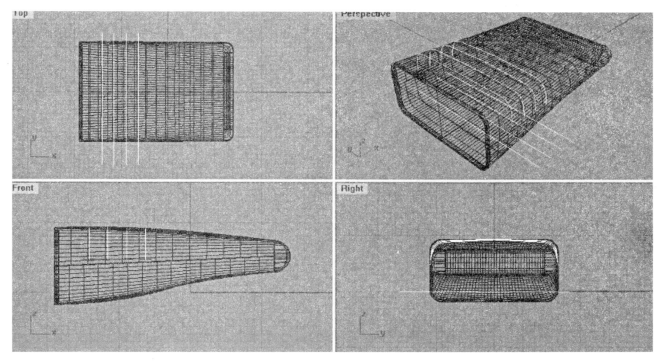

图5-333

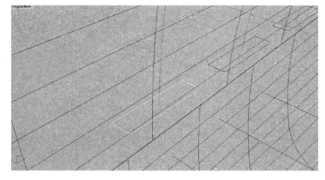

图5-334

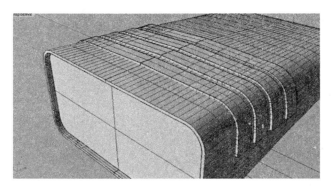

图5-335

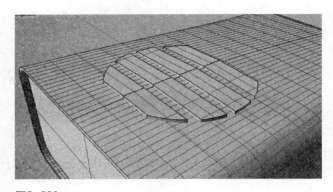

图5-336

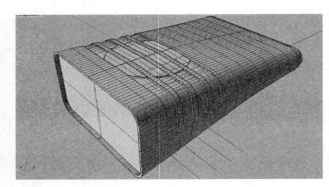

图5-337

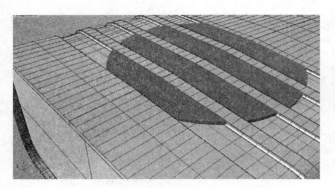

图5-338

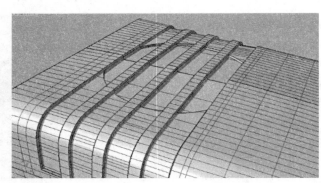

图5-339

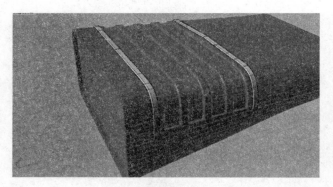

图5-340

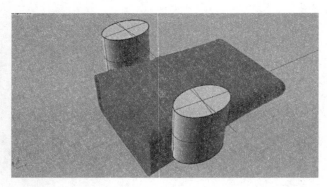

图5-341

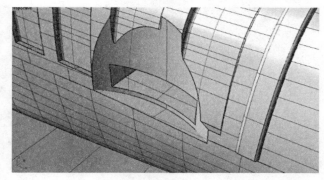

图5-342

示，在合适位置与收音机主体曲面进行布尔运算差集（BooleanDifference），做出收音口的造型，如图5-339所示。

⑩在喇叭口的前后状两条装饰凸台，如图5-340所示。

⑪在收音机侧边适当位置构建两个椭圆柱体如图5-341所示，收音机主体与之进行布尔运算差集（BooleanDifference），如图5-342所示。

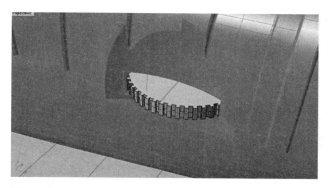

图5-343

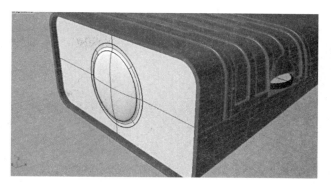

图5-344

⑫开出按钮调谐拨盘空间，做出调谐拨盘，如图5-343所示。

⑬在前部做出灯罩造型，如图5-344所示。至

此，一个带灯的收音机基本完成，如图5-326及彩图19和彩图20所示。

》 案例二十九：书形小电器设计与建模

所用命令：

● 偏移曲线（Offset） ● 修剪（Trim） ● 直线挤出（Pause） ● 放样（Loft） ● 移动（Move） ● 圆柱管（Tube） ● 布尔运算差集（BooleanDifference） ● 布尔运算联集（BooleanUnion） ● 曲面圆角（FilletSrf）

操作步骤：

①在Front视窗中，绘制如图5-346所示外形曲线，注意右侧略微向下垂一点以获得"弹性"效果，

对该线应用"偏距命令"（偏移曲线（Offset） ），画一条垂直线对其端部进行切割（Trim） 。

②切换至Top视窗，绘制如图5-347曲线，同样也是采用偏距命令获得。

③以步骤①绘制的曲线为封闭轮廓线，拉伸（Pause） 出曲面，如图5-348所示。

④以步骤②绘制的外侧曲线为边界，将曲面进行修剪（Trim） ，如图5-349所示。

⑤将步骤②绘制的内侧曲线挤出（Pause）

图5-345　书形小电器渲染图

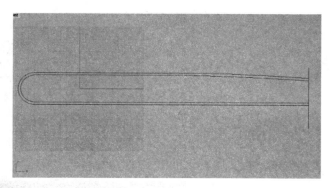

图5-346

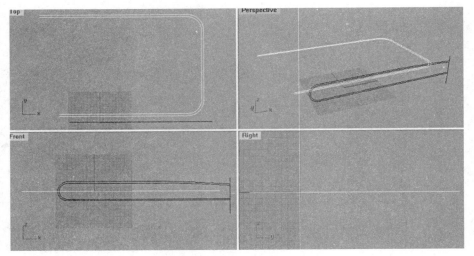

图5-347

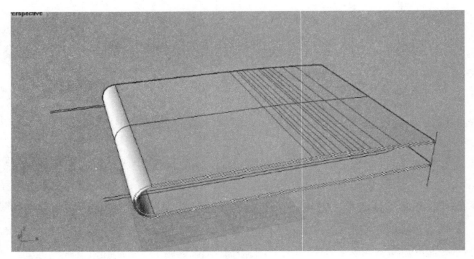

图5-348

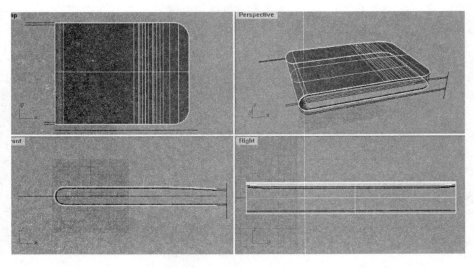

图5-349

一个曲面，并用上一步生成的曲面对该挤出曲面进行修剪（Trim）┅，如图5-350至图5-353所示。

⑥放样（Loft）┅将"书"侧面封边，如图5-354所示。

⑦提取底部的轮廓线，如图5-355所示，偏距（Offset）┅并垂直下移（Move）┅一段距离，如图5-356所示，放样（Loft）┅出一个凸台，作为电器的底座，如图5-357所示。

⑧在适当位置处绘制一个圆柱管（Tube）┅如图5-358、图5-359所示。

⑨提取圆管上端部内侧圆边界，绘制一个略微拱起的曲面并封底形成实体，绘制平面封闭图形如图5-360所示，并拉伸出十字形立体如图5-361所示。

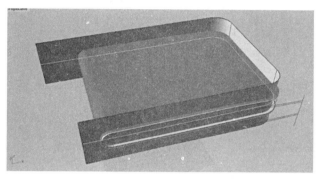

图5-350

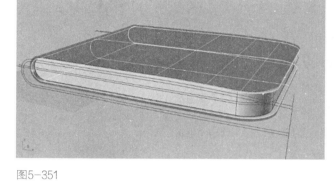

图5-351

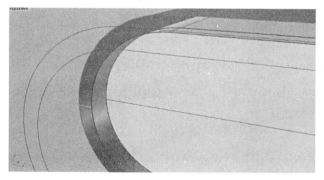

图5-352

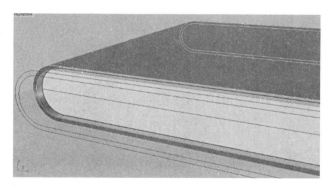

图5-353

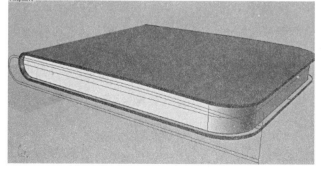

图5-354

图5-355

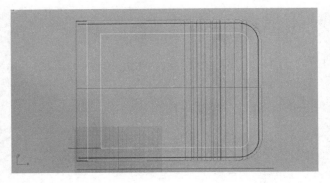

图5-356

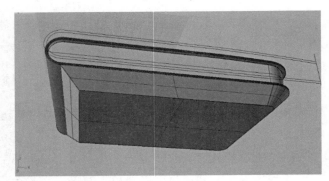

图5-357

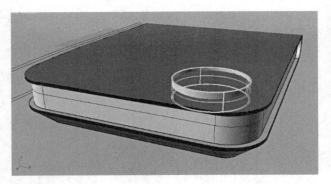

图5-358

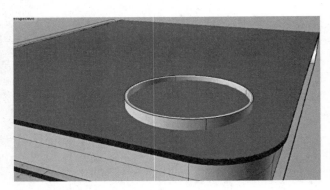

图5-359

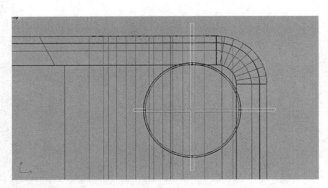

图5-360

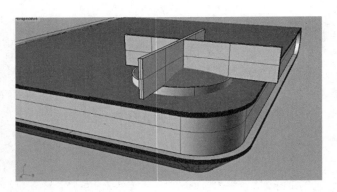

图5-361

图5-362

⑩以十字形对上一步生成的圆曲面实体做布尔运算差集（BooleanDifference）🔧，将圆管实体与主体作布尔运算联集（BooleanUnion）🔧，至此可以进行倒圆角（FilletSrf）🔧处理，如图5-362所示。

⑪至此，一个书型小电器造型基本完成，渲染如图5-345及彩图45所示。

》 案例三十：眼镜盒设计与建模

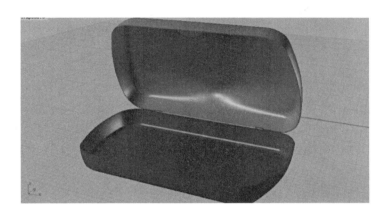

图5-363　眼镜盒渲染图

所用命令：

● 双轨扫掠（Sweep2）　● 嵌面（Patch）　● 修剪（Trim）　● 混接曲面（BlendSrf）　● 组合（Join）　● 偏移曲线（Offset）　● 分割（Split）

操作步骤：

①根据设计眼镜盒的主体形状，绘制出所想表达的主体上下两条轮廓线，在上下两条曲线的QUA处使用控制点曲线（Curve）绘制一条断面曲线，打开节点调整如图5-364所示。

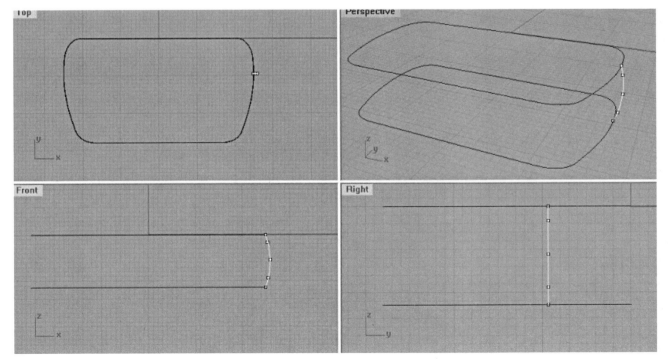

图5-364

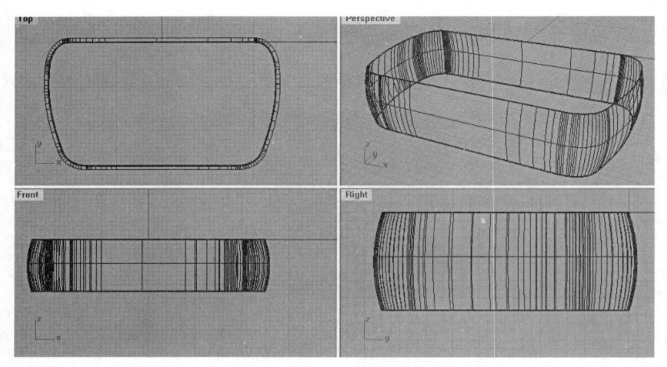

图5-365

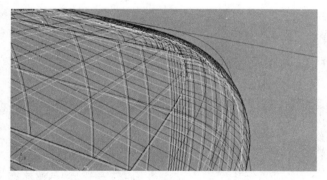

图5-366

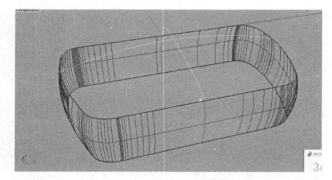

图5-367

②根据上一步绘制的轮廓线和断面曲线进行双轨扫掠（Sweep2）, 如图5-365所示。

③开启捕捉中点模式, 在上部轮廓线边缘中点处绘制两条曲线（注意：这两条曲线在最高点处相交, 可结合"菜单栏–变动–结合XYZ坐标"）, 如图5-366、图5-367所示。

④用嵌面（Patch）命令生成上曲面, 如图5-368所示。

⑤以上端轮廓线为导轨做出圆, 对上曲面和侧面修剪（Trim）后混接（BlendSrf）, 底部封平面, 将所有面组合（Join）, 如图5-369所示。

⑥对曲面向内偏移（Offset）一段距离生成内曲面, 在侧面轮廓最大处分离（Split）出眼镜盒的上下面并将上部内外两个曲面的底部封平面生成

实体，下部操作同理，如图5-370所示。上下分离处绘制出眼镜盒的铰链连接部分，如图5-371所示。

⑦绘制出盒体及盒盖安置磁铁的结构（造型），如图5-372至图5-375所示。

⑧做出盒盖与盒体连接结构，如图5-376所示。

⑨设计建模完成后的基本效果如图5-363及彩图23所示。

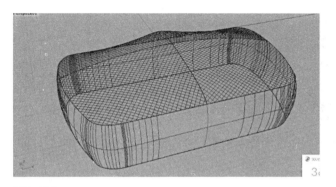

图5-368

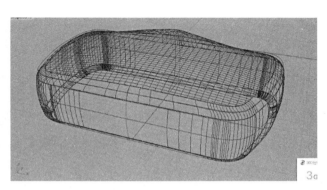

图5-369

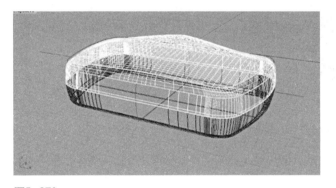

图5-370

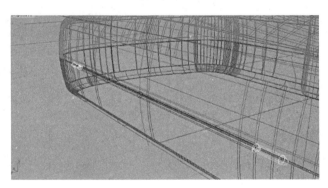

图5-371

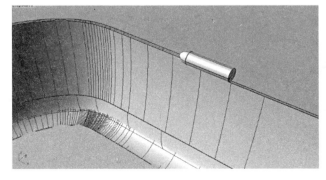

图5-372

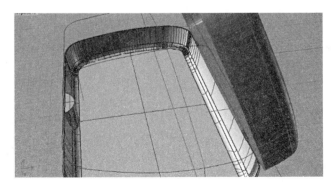

图5-373

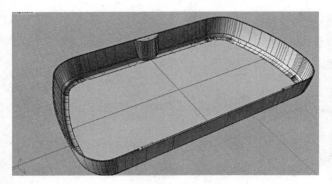

图5-374

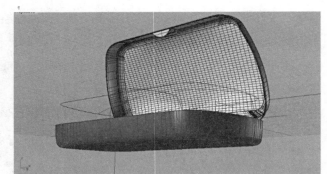

图5-375

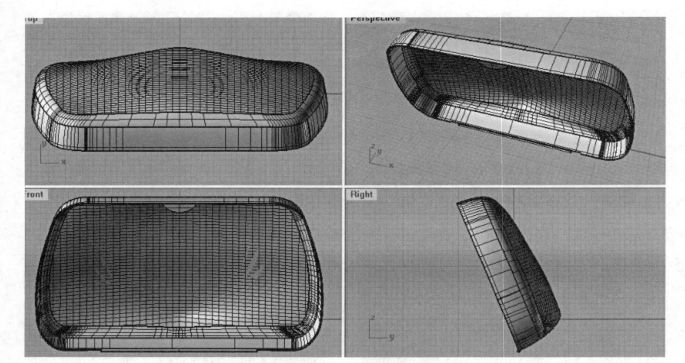

图5-376

第六章
结构建模练习

》 案例三十一：秤设计与建模

图6-1 秤效果图

操作步骤：

①根据设计要求，获得压力传感器的形状和尺寸，按资料进行单个传感器结构建模，如图6-2所示。

②由于设计要求在一个产品上具备四个称重功能，因此对建模后的传感器进行平面布置的尝试，如图6-3所示。

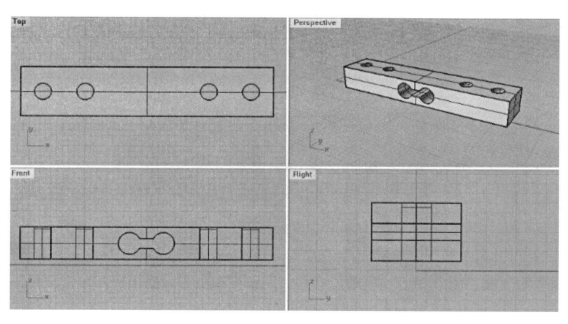

图6-2

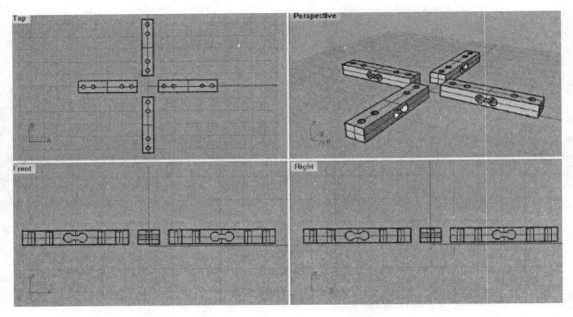

图6-3

③在传感器上部设计称重托架，考虑托盘应有的刚度对托架进行结构设计，例如边缘翻边和必要的加强肋设置等，如图6-4、图6-5所示。

④传感器与支撑底板的连接与固定设计如图6-6、图6-7所示。

⑤4个传感器的对称中心处设计凸出的圆柱，上端作为托盘定位用的防呆设计，如图6-8至图6-10所示。

⑥底部可充电锂电池仓的设计，如图6-11所示。

⑦电源指示设计，如图6-12所示。

⑧大小两个USB孔的位置布置设计，如图6-13所示。

⑨电路板位置设计，如图6-14所示。

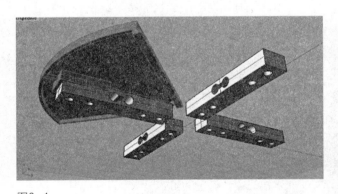

图6-4

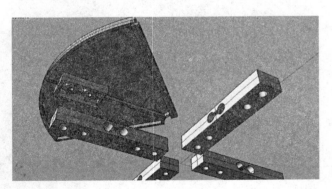

图6-5

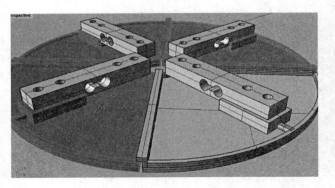

图6-6

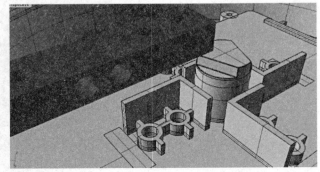

图6-7

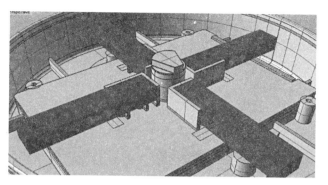

图6-8

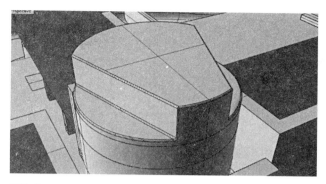

图6-9

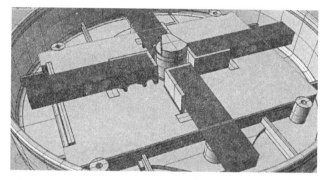

图6-10

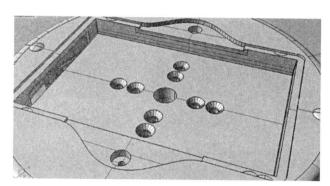

图6-11

图6-12

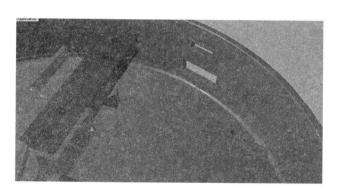

图6-13

图6-14

⑩电池后封板及文字设计，如图6-15、图6-16所示。

⑪称重托盘设计，如图6-17至图6-19所示。

⑫最终完成的设计，结构及装配关系示意图，如图6-20所示，渲染如图6-1及彩图48所示。

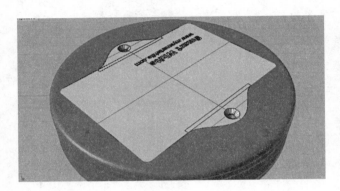

图6-15

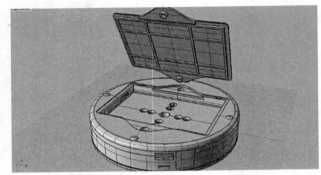

图6-16

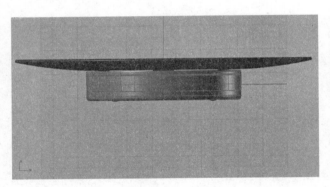

图6-17

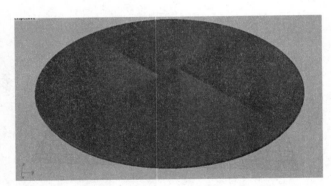

图6-18

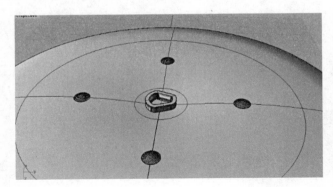

图6-19

图6-20

>> 案例三十二：湿度计设计与建模

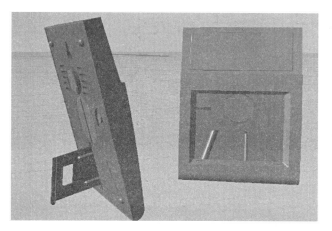

图6-21 湿度计效果图

操作步骤:

①根据产品功能和造型的美学要求设计出湿度计的侧面形状:绘制侧面轮廓线并拉伸出适当宽度,如图6-22所示。

②在湿度计正面开操作面板孔,如图6-23所示。

③设计出产品的上部造型(供太阳能电池板采集光线),如图6-24、图6-25所示。

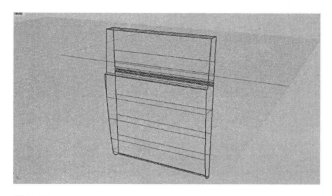

图6-22

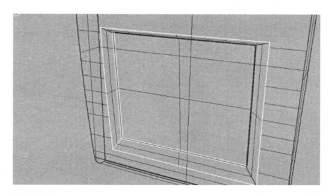

图6-23

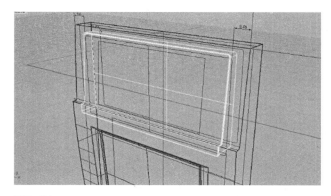

图6-24

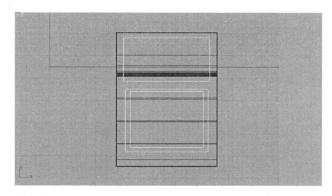

图6-25

④将实体炸开,分离出该产品的后盖暂时隐藏起来,再次组合,将组合后的面片向内生成适当壁厚(若软件带有相应插件,则可直接生成壁厚),如图

6-26、图6-27所示。

⑤在壳体的内侧生成定位用的企口,如图6-28、图6-29所示。

⑥将步骤④隐藏的后盖（面片）显示出来，生成一定厚度，加凸缘企口，如图6-30、图6-31所示。

⑦在后盖适当位置设计挂钩孔，如图6-32、图6-33所示。

图6-26

图6-27

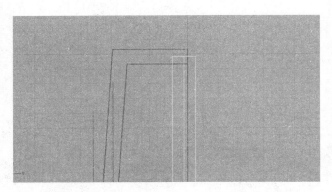

图6-28

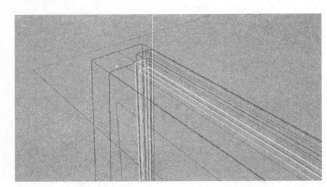

图6-29

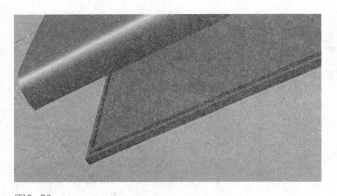

图6-30

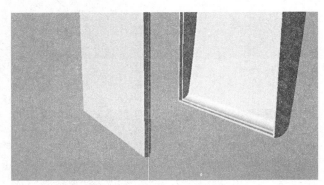

图6-31

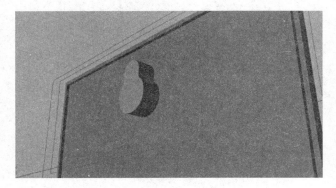

图6-32

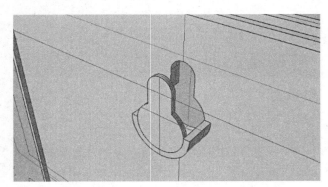

图6-33

⑧在产品壳体上设计出太阳能板定位结构，如图6-34至图6-42所示。

⑨在壳体内部适当位置添加加强筋和电路板定位凸台，如图6-43至图6-50所示。

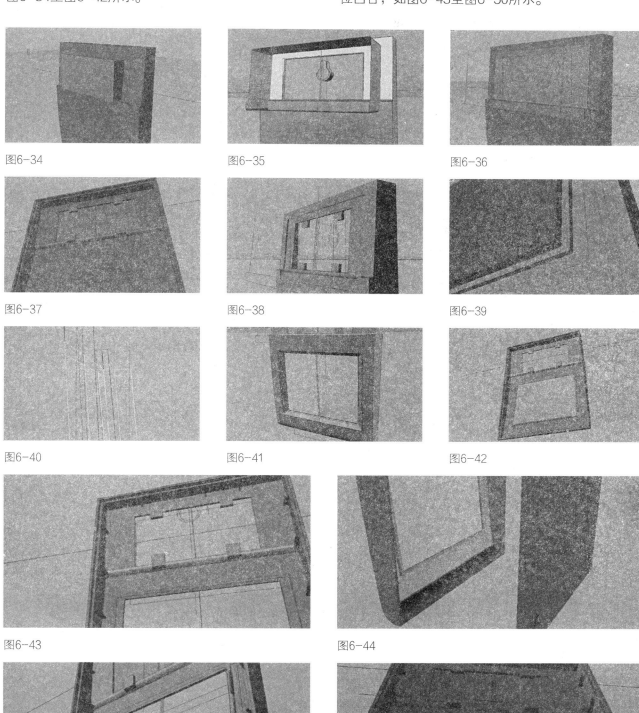

图6-34

图6-35

图6-36

图6-37

图6-38

图6-39

图6-40

图6-41

图6-42

图6-43

图6-44

图6-45

图6-46

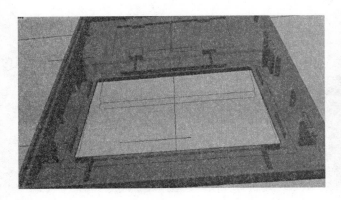

图6-47

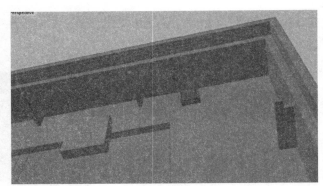

图6-48

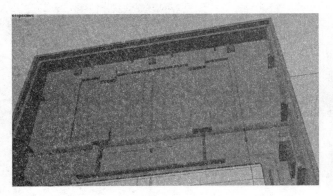

图6-49

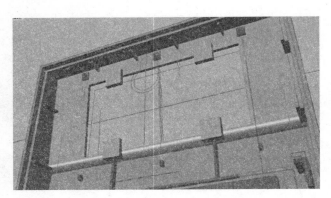

图6-50

⑩在底板上方适当位置处设计一个支架，如图 6-51至图6-56所示。

⑪在背板上设计出放置纽扣电池的结构，并做 出纽扣电池的锁紧盖，如图6-57、图6-58所示。

⑫设计一个可垂直旋转的立式支架，如图6-59、图6-60所示。

图6-51

图6-52

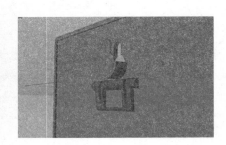

图6-53

图6-54

图6-55

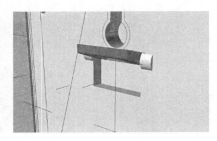

图6-56

图6-57

图6-58

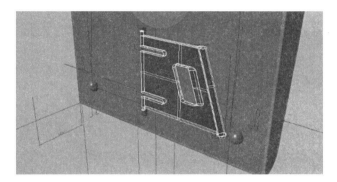

图6-59

图6-60

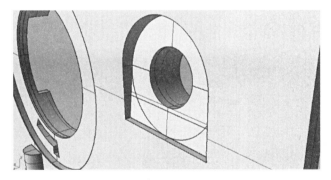

图6-61

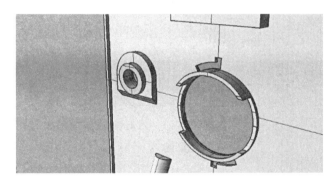

图6-62

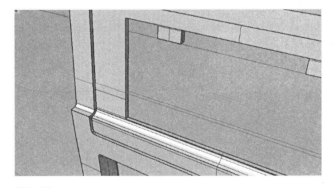

图6-63

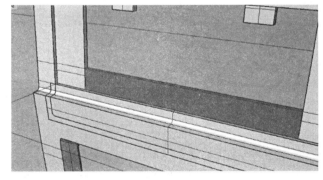

图6-64

⑬设计出湿度计重置按钮孔（为预防该按钮的误操作，该孔设计成凹进背板适当深度），如图6-61、图6-62所示。

⑭由于甲方更改太阳能电池板尺寸，壳体的结构需做相应修改，此处选取原结构线生成符合新要求的结构，如图6-63、图6-64所示。

⑮生成太阳能电池板的透明保护面板，如图
6-65所示。

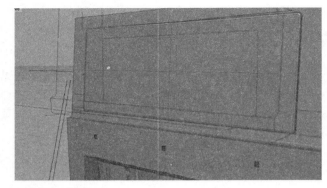

图6-65

⑯在底板上做出湿度计的通风口，如图6-66所示。

⑰在壳体面板上做出两个按钮孔，如图6-67所示。

⑱同样，在壳体面板的底部做出通风口满足空
气对流要求，如图6-68、图6-69所示。

⑲在底板上做出装配螺丝孔，如图6-70、图
6-71所示。

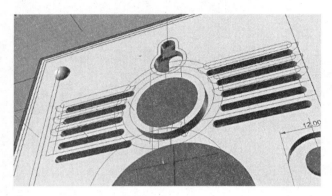

图6-66

图6-67

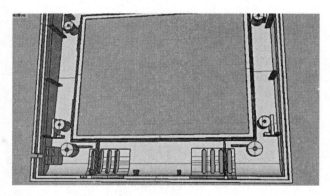

图6-68

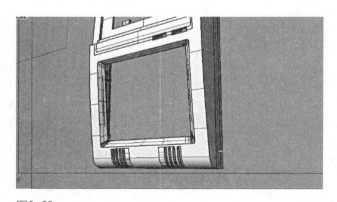

图6-69

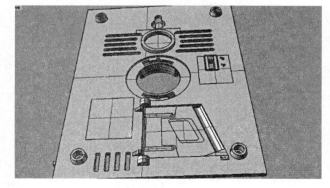

图6-70

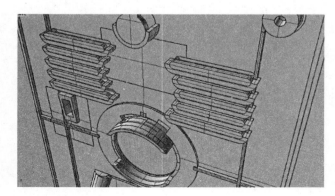

图6-71

⑳至此，基本完成湿度计的基本设计与建模，如图6-72至图6-74所示。

渲染如图6-21及彩图56和彩图57所示。

 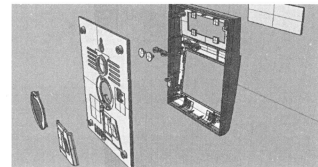

图6-72　　　　　　　　　　　　　　　　　　　　图6-73

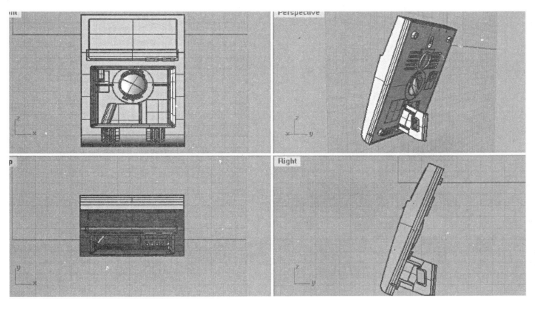

图6-74

〉〉 案例三十三：数字体温计建模

图6-75　数字体温计效果图

操作步骤：

①根据体温计电路板、显示屏及纽扣电池位置设计并绘制体温计支架结构，如图6-76、图6-77所示。

②根据支架结构构建壳体造型，注意：确保壳体的内表面不与支架干涉并确保支架的准确定位，如图6-78所示。

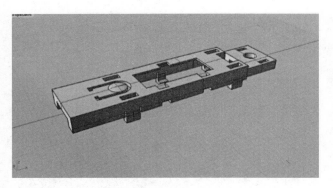

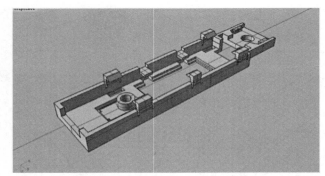

图6-76   图6-77

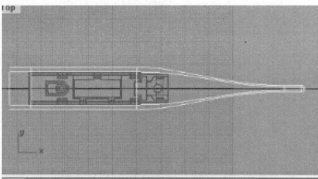

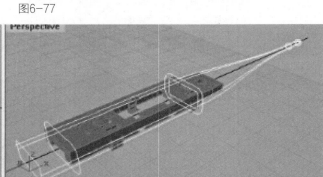

图6-78

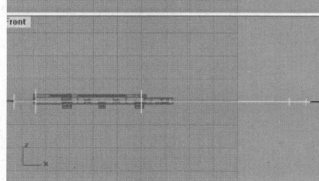

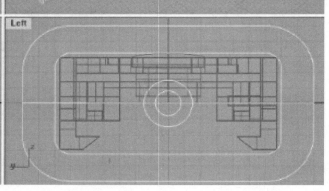

图6-79   图6-80

　　③根据步骤②所绘制的断面曲线及两侧导轨扫掠出体温计的内表面，如图6-79、图6-80所示。

　　④同理，做出外表面，如图6-81、图6-82所示。

　　⑤封闭体温计端面如图。根据体温计纽扣电池的位置做出端面结构，如

图6-83、图6-84所示。

⑥做出体温计功能按钮及显示屏孔的造型结构，如图6-85所示。

⑦在端部加封密圈，如图6-86所示。

⑧根据端部的尺寸做出盖子，如图6-87所示。

⑨此时，可在壳体内侧加一根定位条查看结构之间的关系（作为结构设计来说，这一步非常重要），如图6-88至图6-90所示。

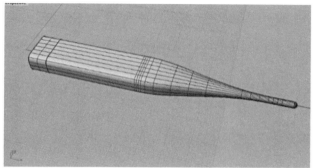

图6-81

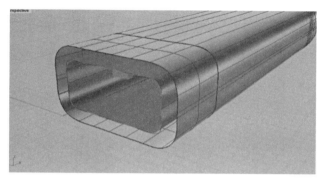

图6-82

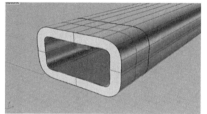

图6-83

图6-84

图6-85

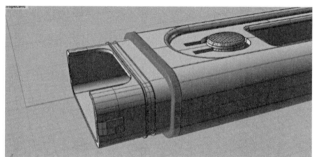

图6-86

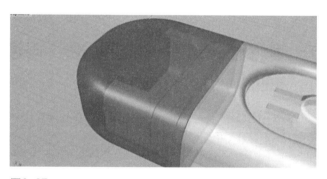

图6-87

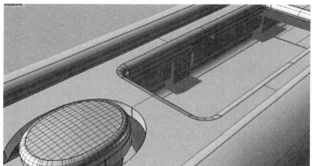

图6-88

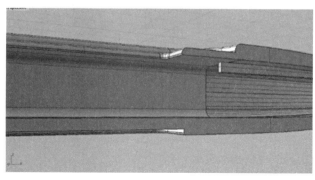

图6-89

⑩至此，一个体温计结构及造型建模基本完成，如图6-91所示。

⑪根据体温计的形状尺寸并做出塑料收纳盒，如图6-92所示。

⑫做出收纳盒盖，如图6-93、图6-94所示。成品渲染如图6-75及彩图51所示。

图6-90

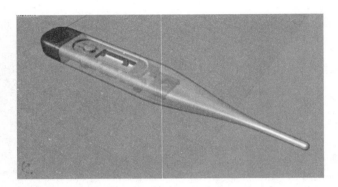

图6-91

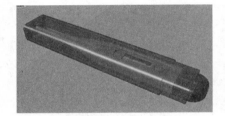

图6-92

图6-93

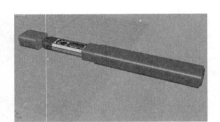

图6-94

》 案例三十四：控制台设计与建模

图6-95　控制台效果图

说明：

该控制台产品主要采用钣金工工艺，本处用Rhino对结构进行结构及外观造型设计，完整表达了设计信息并最终实现了产品投产。

操作步骤：

①在提出若干个设计方案后，甲方最终确定的控制台主体造型，如图6-96所示。

②细化方案，对控制台的两个侧板进行结构设计，如图6-97、图6-98所示。

③将控制台分为上下两个区域，下方为电机及电脑主机单元，如图6-99、图6-100所示。

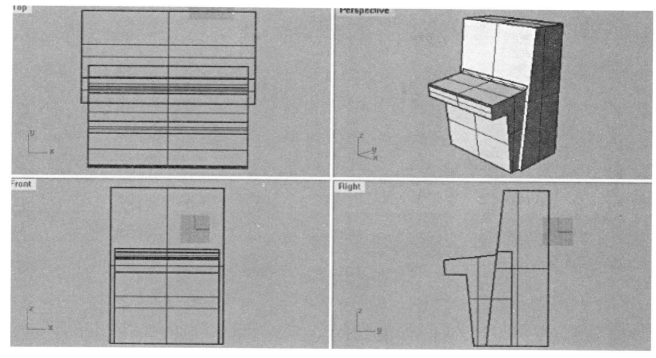

图6-96

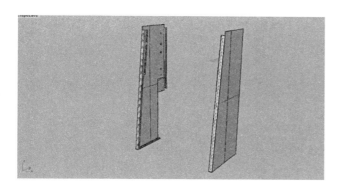

图6-97

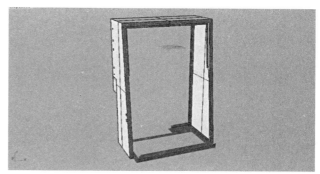

图6-98

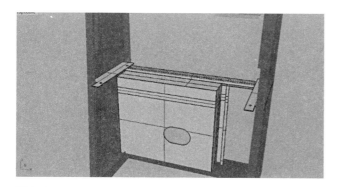

图6-99

图6-100

④设计控制台操作区域，操作台面下设计放置键盘等物件的三级导轨抽屉，如图6-101至图6-103所示。

⑤控制台后封板（上端）设计，如图6-104所示。

⑥电脑主机用可移出式抽屉结构设计，如图6-105、图6-106所示。

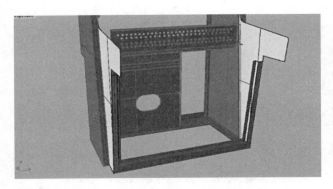

图6-101

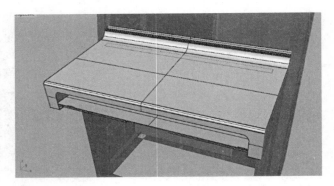

图6-102

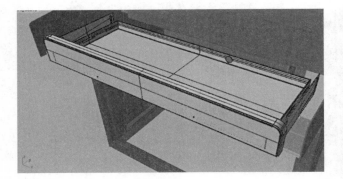

图6-103

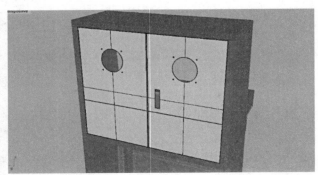

图6-104

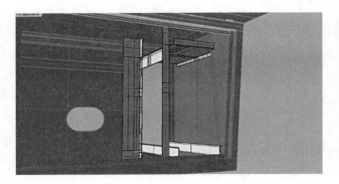

图6-105

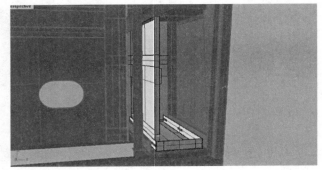

图6-106

⑦控制台前下封板及电脑机箱抽屉面板设计，如图6-107、图6-108所示。

⑧电机与周边设备连接用的防护板设计，如图6-109、图6-110所示。

图6-107

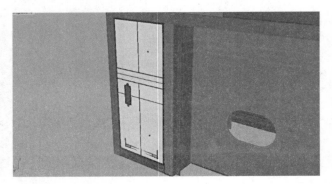

图6-108

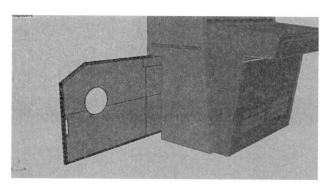

图6-109

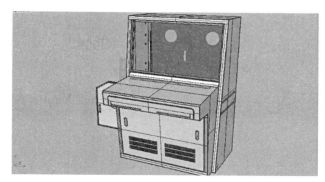

图6-110

⑨控制台前面板设计,如图6-111至图6-113所示。

⑩防护板调整及观察窗设计,如图6-114所示。

⑪全部设计完成后的结构件分解图,如图6-115、图6-116所示。渲染效果如图6-95及彩图49和彩图50所示。

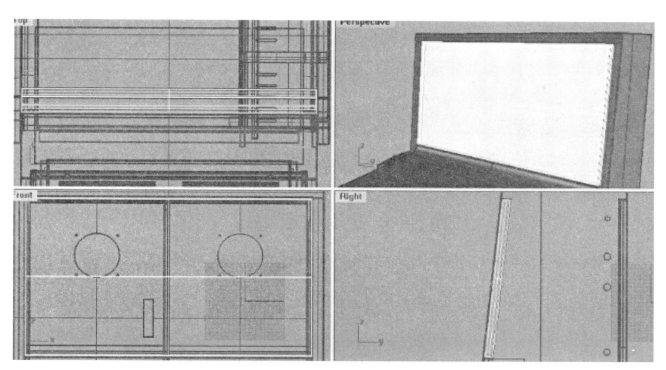

图6-111

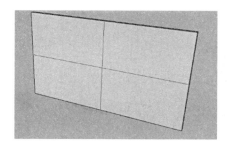

图6-112

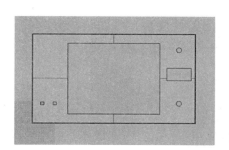

图6-113

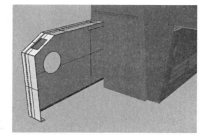

图6-114

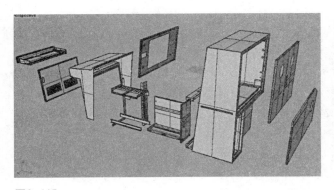

图6-115

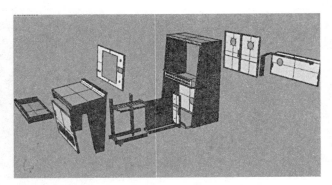

图6-116

》 案例三十五：配油器设计与建模

图6-117 配油器效果图

图6-118

说明：

这是公司委托项目，公司开发这个新产品的前期做了一个木制样机，提供了一些不可变更的数据和外购件尺寸，因此在开始正式产品设计前需要对这些参数建模并出若干设计造型方案供公司选择，如图6-118至图6-120所示。实体图及渲染图如彩图52至

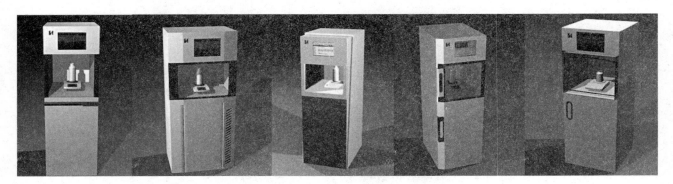

图6-119

图6-120

彩图55所示。

操作步骤：

①最终选定一个方案进行进一步的细化和结构设计，按操作行为要求设置称重器的高度位置，如图6-121所示。

②设置6储油箱的大小和位置布置，如图6-122所示。

③确定观察窗口的空间形状，如图6-123所示。

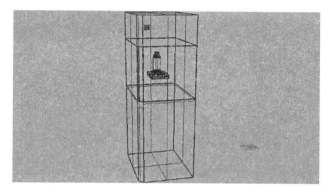

图6-121

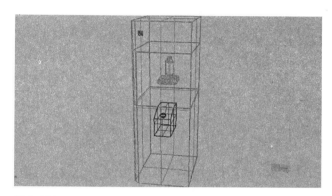

图6-122

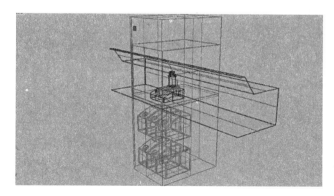

图6-123

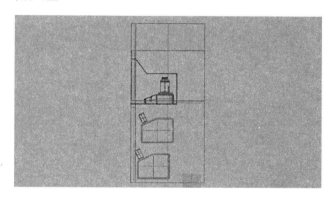

图6-124

④油箱油品输入口设计，如图6-124所示。

⑤分割出操作窗口的基本尺寸，如图6-125所示。

⑥对计算机数据交换室进行尺寸分割，如图6-126所示。

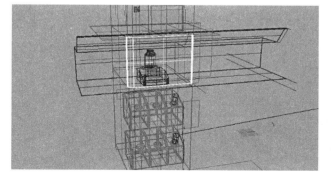

图6-125

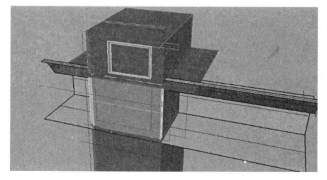

图6-126

⑦操作窗空间设计与数据核定，如图6-127至图6-130所示。

⑧对油箱单元的空间设计，主要是界面设计和安装维护等方面的设计优化，如图6-131至图6-135所示。

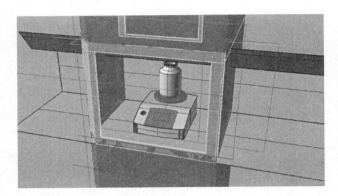

图6-127

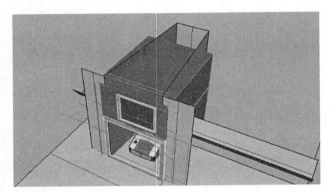

图6-128

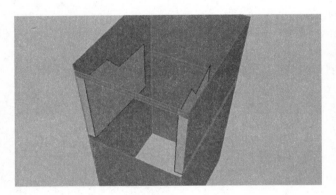

图6-129

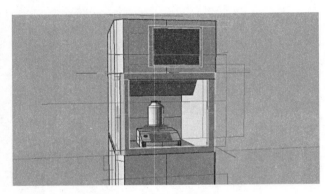

图6-130

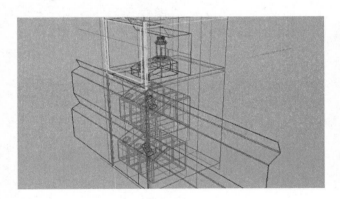

图6-131

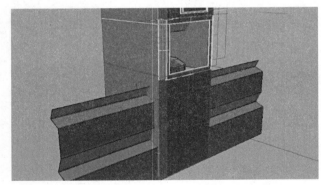

图6-132

图6-133

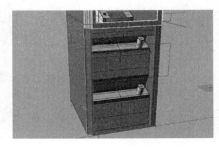

图6-134

图6-135

⑨门把手风格设计，如图6-136、图6-137所示。

⑩配油器柜内部结构支撑件的布置，这里主要是尺寸尝试，具体完整的细节设计在后进行，如图6-138至图6-140所示。

⑪界面开孔与油箱口处的结构尺寸分析与初步设计，如图6-141所示。

⑫排气孔建模，如图6-142所示。

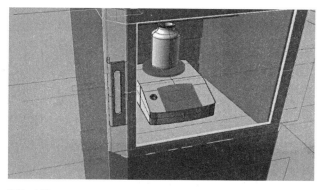

图6-136

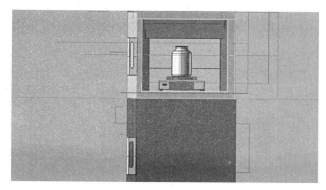

图6-137

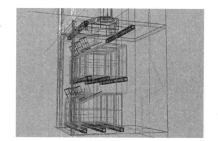

图6-138

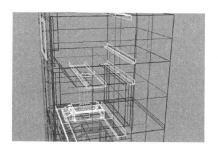

图6-139

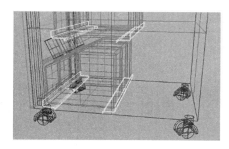

图6-140

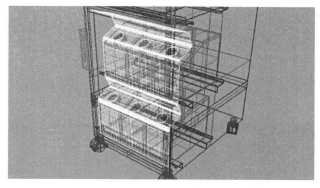

图6-141

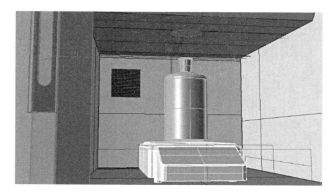

图6-142

⑬柜后侧的隔断设计等，当确定好各个功能空间的尺寸关系和接口关系后，就可以进行各个部分的零件实体设计，同时完成全部建模工作，如图6-143至图6-147所示。

图6-143

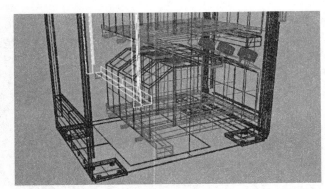

图6-144

图6-145

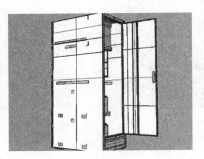

图6-146

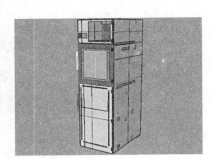

图6-147

》 案例三十六：大门口机设计与建模

图6-148 大门口机效果图

操作步骤：

①依据产品功能选择合适的元器件，根据尺寸

建立尽可能多信息的模型，这些模型不必要构建得面面俱到而是做出其与将要设计的造型相关的尺寸，如安装尺寸，总体尺寸等，如图6-149所示。

②构建面板的弧面，如图6-150所示。

③在面板上切出一个平面，这个平面是功能需要，一些按钮和卡的感应区需要平面方式，如图6-151所示。

④设置出音孔和摄像头、红外照明等，如图6-152、图6-153所示。

⑤确定液晶视窗和感应区的位置等，如图6-154所示。

⑥做出按键位置和基本形状等，如图6-155至图6-157所示。

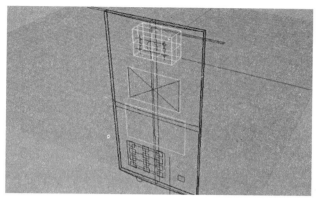

图6-149

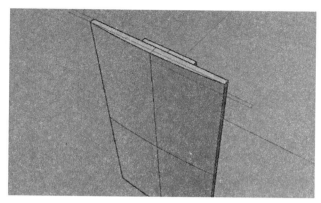

图6-150

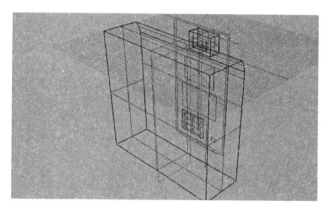

图6-151

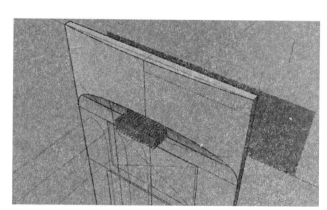

图6-152

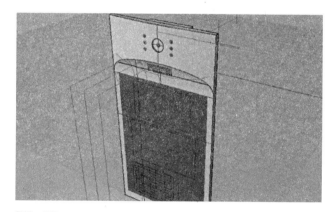

图6-153

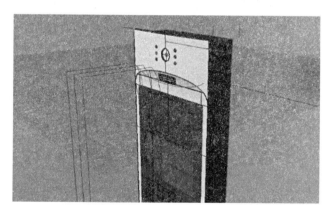

图6-154

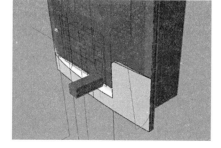

图6-155

图6-156

图6-157

图6-158

⑦读者可以看到这一步的造型与上一步有很大的不同，这是与甲方共同讨论的结果，这一步非常重要，事实上前面几步做出的造型目的是为了与甲方交流以了解甲方的设计意图，倾向什么风格，为这一步打下基础，在这个环节实际设计过程中会出更多的造型方案供优化，如图6-158所示。

⑧一旦确认了造型的大方向，接下来的是满足内部结构要求并符合开模具工艺的其他设计建模，本例由于涉及该产品专用功能的结构对讲解建模关联不大，在此不详述，完整的造型及零件结构建模如图6-159、图6-160所示。

⑨最后的造型效果图见彩页中彩图44。

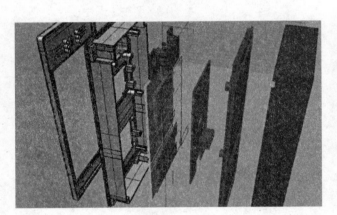

图6-159

图6-160

通过先前几章对Rhino软件的学习，相信已经对Rhino软件中的曲线和曲面的编辑调整以及造型的美感有所把控，本章罗列了10个拓展案例，用以检验对常用命令及设计造型美感的掌握程度。

》 拓展一：小电器建模

操作步骤：

①绘制一个球体，如图7-1所示。

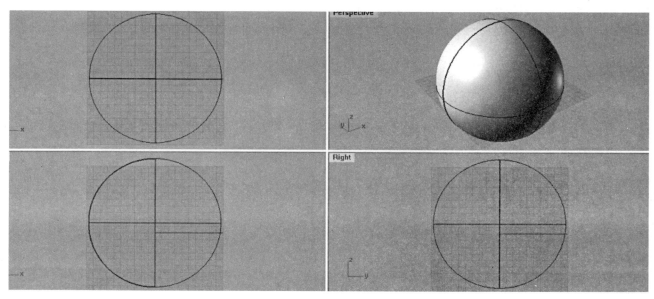

图7-1

②在Front视窗对球体在垂直方向进行单轴缩放，压扁该球体，如图7-2所示。

③在Top视窗画一条曲线，如图7-3所示。

④在Top视窗中以该线为边界修剪掉球体的外侧，如图7-4所示。

⑤将曲面向内偏距生成一个新的曲面，如图7-5所示。

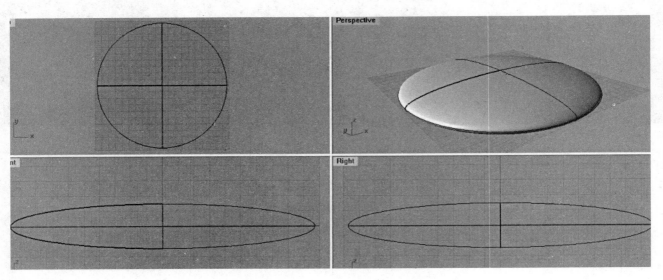

图7-2

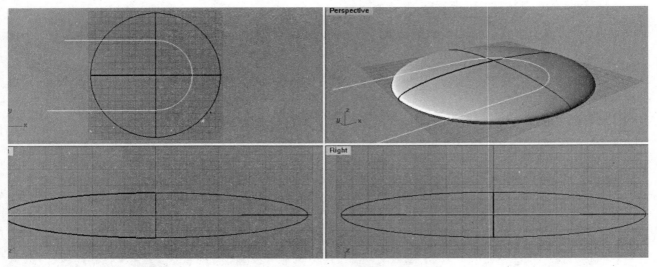

图7-3

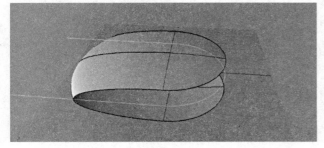

图7-4

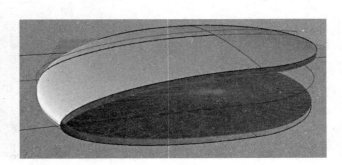

图7-5

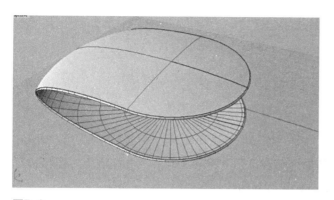

图7-6

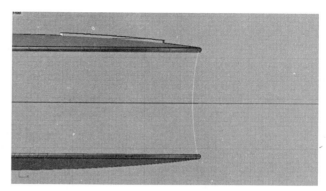

图7-7

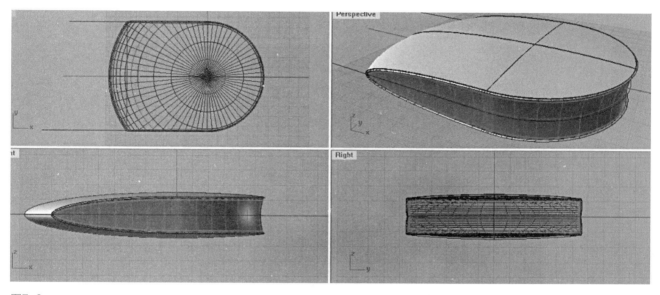

图7-8

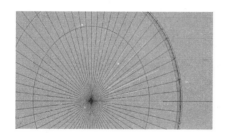

图7-9

图7-10

图7-11

　　⑥对内外两个曲面进行混接，生成融合曲面，将三个曲面组合为一个实体，如图7-6所示。

　　⑦开启捕捉模式，以上下两个QUA点画一条曲线，并打开控制点调整到如图7-7所示。

　　⑧扫掠生成曲面，如图7-8所示。

　　⑨在Top视窗中，绘制两条间隔角度为10°的直线，以球中心为旋转中心旋转复制直线并投影到外曲面上，如图7-9所示。

　　⑩以投影的线生成端部为球形的管道，如图7-10所示。

　　⑪将主体与上一步生成的管道做布尔减运算，获得一个造型的基本效果如图7-11所示。渲染如彩图47所示。

〉〉 拓展二：游戏机建模

操作步骤：

①画三个椭圆，将它们分别位移到如图7-12所示位置，对前两个椭圆做适当的比例缩放，对最前面的椭圆打开并移动控制点将曲线调整为图示，左右两侧用捕捉QUA点的方式画出两条曲线。

②同样上下也画出两条曲线，如图7-13所示。

③由上述曲线可以生成一个曲面，如图7-14所示。

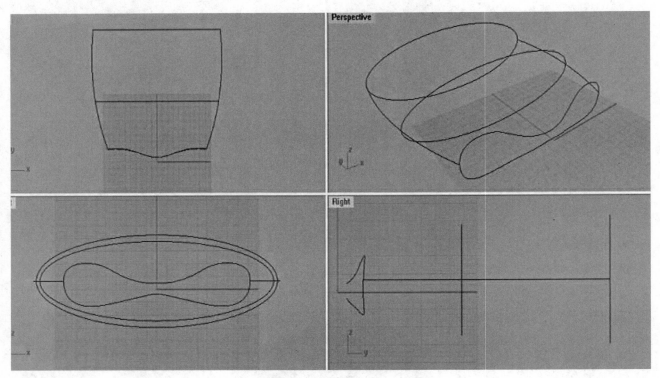

图7-12

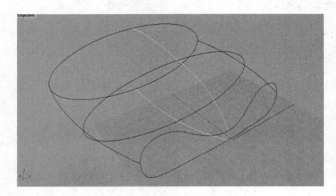

图7-13

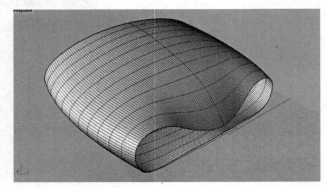

图7-14

④对端部封出一个曲面，如图7-15所示。

⑤在Top视窗画两条曲线，如图7-16所示。

⑥对这外侧曲线进行修剪和封闭操作，将内侧封闭曲线下移一段距离，以该两条曲线放样得图7-17、图7-18效果。

⑦以内侧封闭曲线为边界构造稍微隆起的曲面，如图7-19所示。

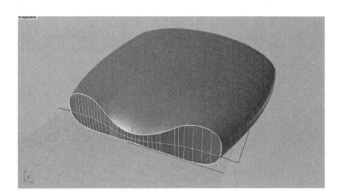

图7-15

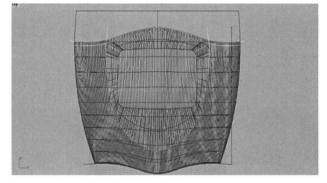

图7-16

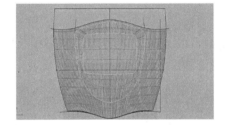

图7-17

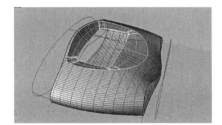

图7-18

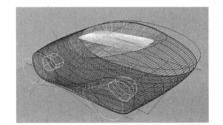

图7-19

⑧在Front视窗提取两个曲面的交线，将该交线向内偏距一段距离后修剪成两个对称的封闭曲线投影到端部曲面上后再次修剪等操作，生成混接曲面，如图7-20、图7-21所示。

⑨将背面封面，选中全部曲面组合成为一个实体，对有棱角的背面倒圆角处理，如图7-22、图7-23所示。渲染如彩图28所示。

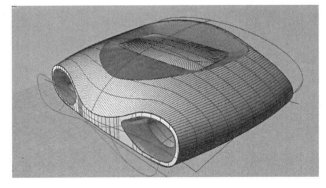

图7-20

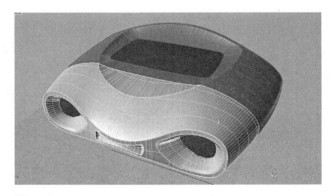

图7-21

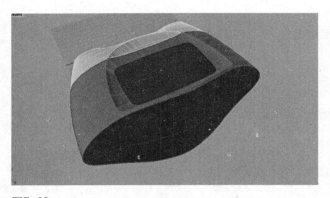

图7-22

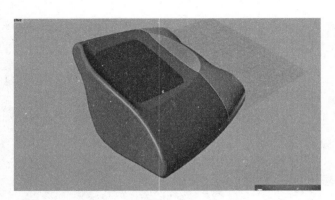

图7-23

〉〉 拓展三：玩具建模

操作步骤:

①绘制轮廓线如图7-24所示。

②扫掠出玩具的侧边曲面，如图7-25所示。

③使用圆管命令所生成的管状曲面对侧边曲面进行修剪，如图7-26所示。

④做出上盖平面，将上盖曲面和侧面曲面混接起来，成为一个完整的造型，如图7-27、图7-28所示。

⑤在Top视窗中绘制曲线如图7-29所示，以绘制的曲线为界，对曲面进行修剪，如图7-30所示。

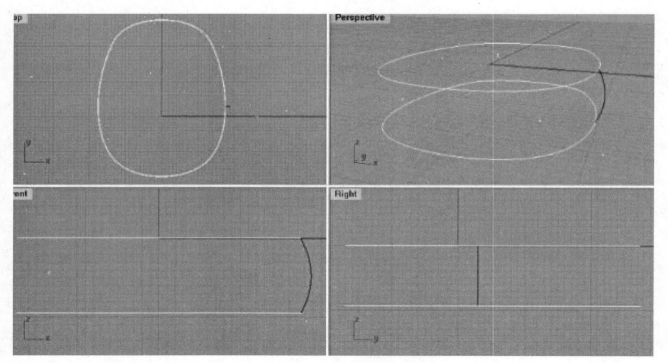

图7-24

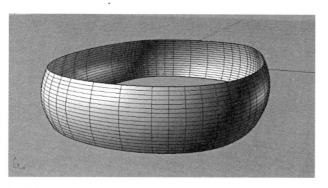

图7-25

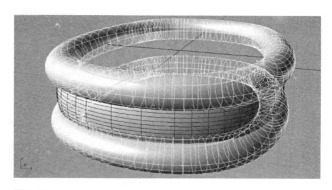

图7-26

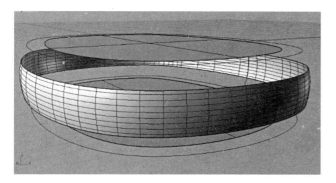

图7-27

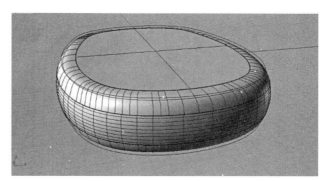

图7-28

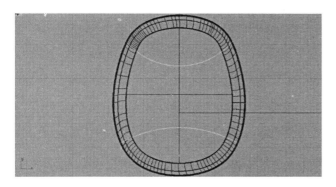

图7-29

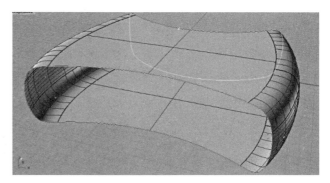

图7-30

　　⑥在如图7-31位置绘制一根直线，扫掠且补齐曲面，如图7-32所示。

　　⑦用同样的方式，做出圆管、修剪、混接，如图7-33、图7-34所示，获得造型如图7-35所示。

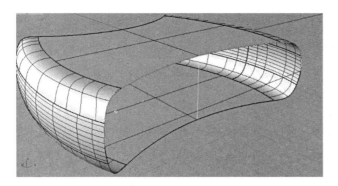

图7-31

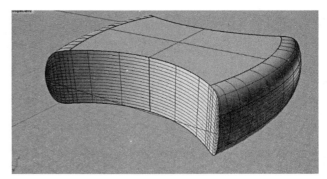

图7-32

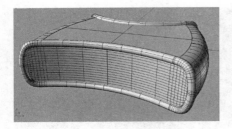

图7-33

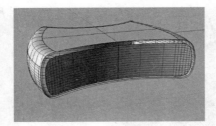

图7-34

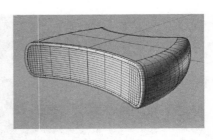

图7-35

⑧绘制曲线如图7-36所示，以此为界，对曲面进行分割，如图7-37所示。

⑨绘制曲线如图7-38所示。

⑩通过绘制的曲线挤出一个曲面，将绘制的类椭圆形投影到该曲面上，如图7-39、图7-40所示。

⑪分别做出凸台细节，对实体进行布尔减等一系列操作，如图7-41至图7-43所示，得到效果如图7-44所示。

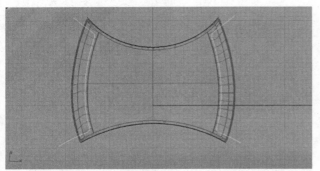

图7-36

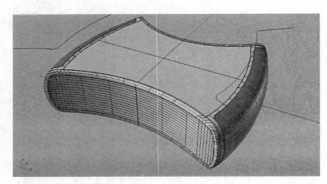

图7-37

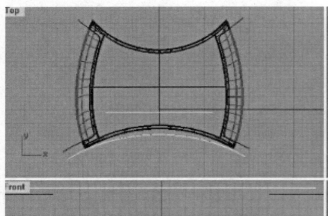

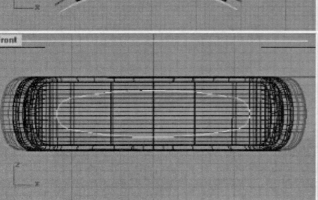

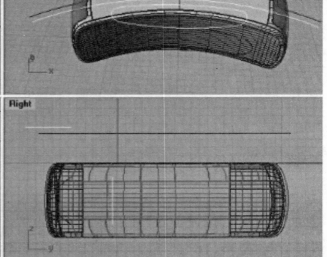

图7-38

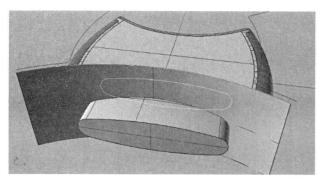

图7-39

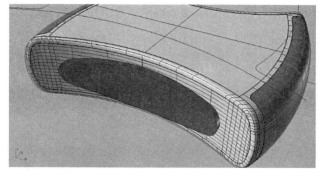

图7-40

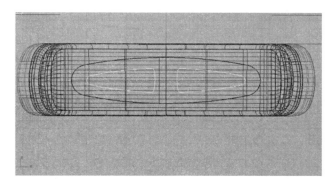

图7-41

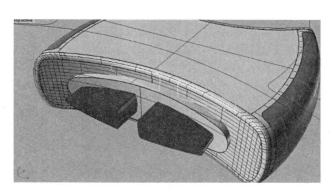

图7-42

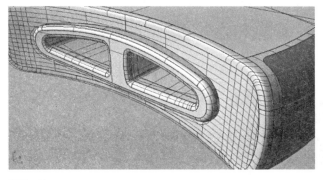

图7-43

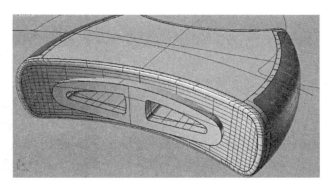

图7-44

　　⑫绘制直线作为中心轴，曲线段为旋转截面，如图7-45、图7-46所示，旋转出造型如图7-47所示。

　　⑬以同样的方式拉伸出一个方形凸台，并对实体进行布尔减，预留出滚轮的位置，如图7-48、图7-49所示。

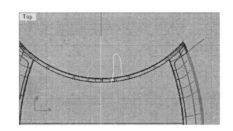

图7-45

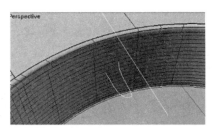

图7-46

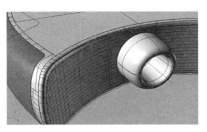

图7-47

⑭以同样的方式旋转得到一个滚轮，如图7-50、图7-51所示。

⑮在滚轮表面阵列一圈圆柱体，进行布尔减，做出滚轮表面纹路，如图7-52、图7-53所示。

⑯获得一个造型的基本效果如图7-54所示。渲染如彩图37所示。

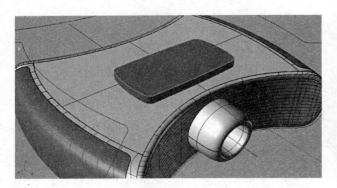

图7-48

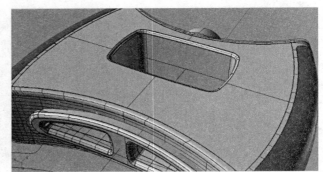

图7-49

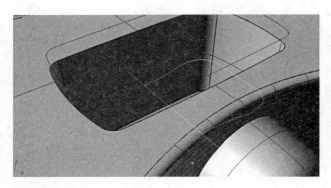

图7-50

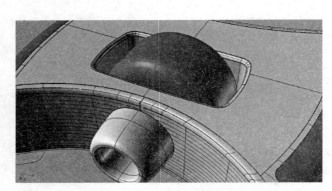

图7-51

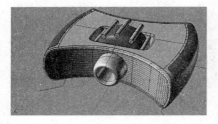

图7-52

图7-53

图7-54

》 拓展四：联想显示器建模

操作步骤：

①绘制显示器轮廓如图7-55所示。

②做出显示器造型。注意：在显示屏边缘处需要倒角。如图7-56至图7-62所示。

③绘制曲线如图7-63所示。

④拉伸出一个凸台做显示器背部，如图7-64至

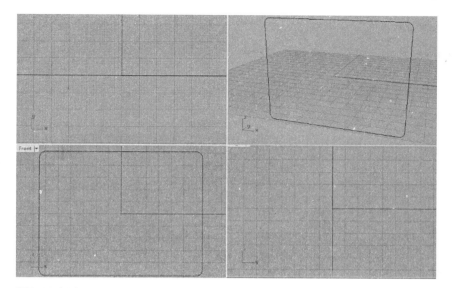

图7-55（1）

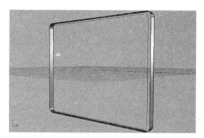

图7-56

图7-57

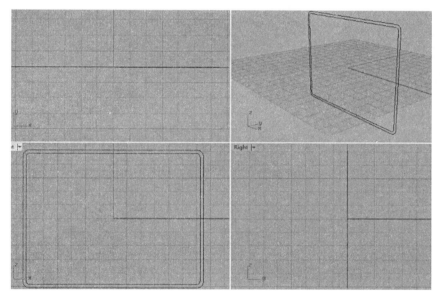

图7-55（2）

图7-58

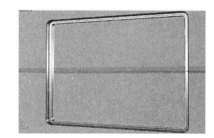

图7-59

图7-60

图7-61

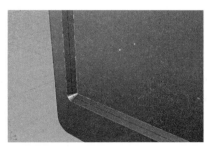

图7-62

图7-66所示。

⑤在适当位置绘制矩形，拉伸成实体，并以该实体与显示器主体进行布尔减，如图7-67至图7-71所示。

⑥以步骤⑤同样的方式做出显示器支架，此处不一一赘述。注意：各实体拉

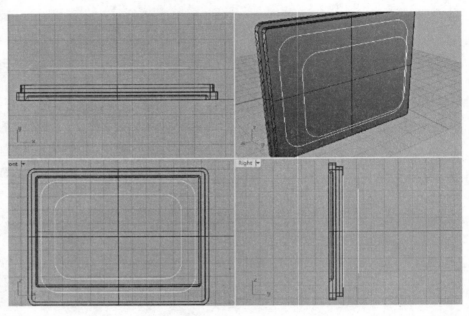

图7-63

图7-64

图7-65

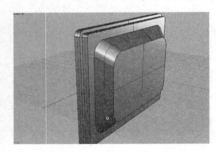

图7-66

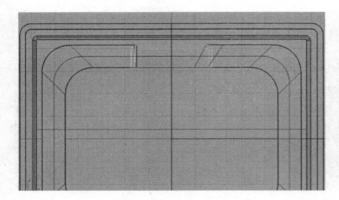

图7-67

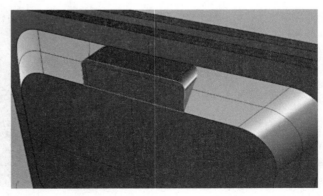

图7-68

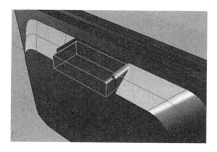

图7-69

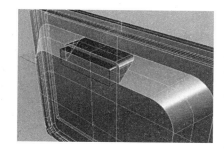

图7-70

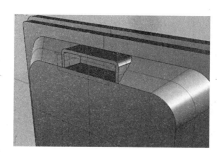

图7-71

伸截面须有匹配关系，如图7-72至图7-81所示。渲染效果见彩图43。

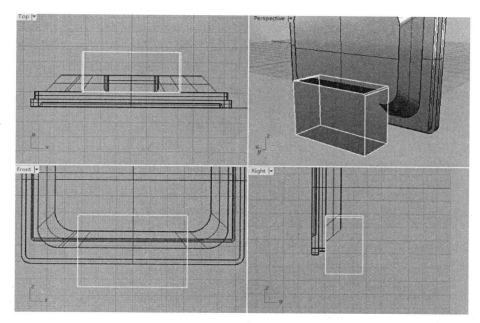

图7-72

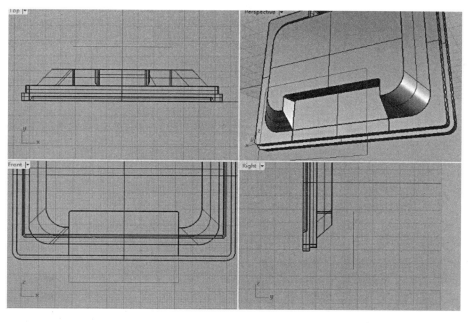

图7-73

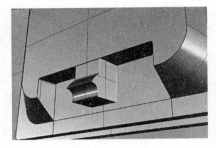

图7-74

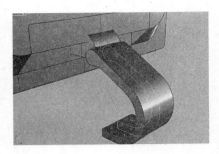

图7-75

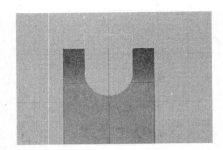

图7-76

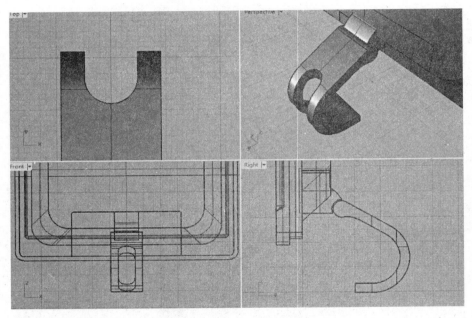

图7-77

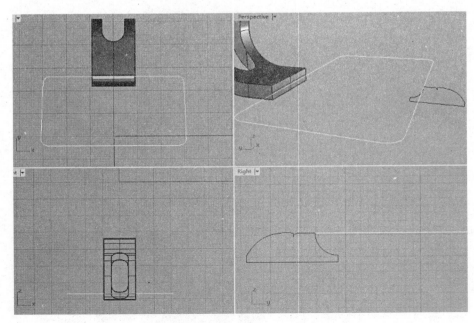

图7-78

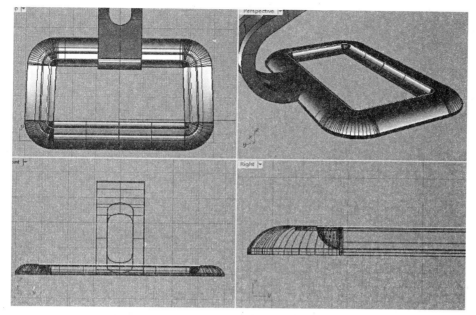

图7-79

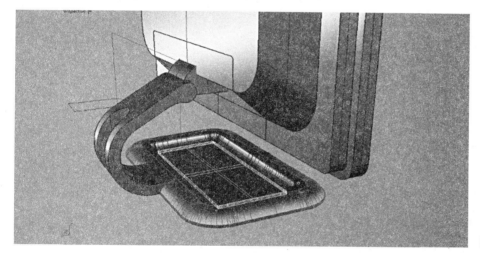

图7-80

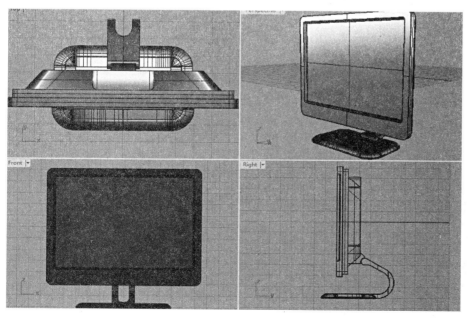

图7-81

》 拓展五：照相机设计与建模

操作步骤：

①绘制出相机主体轮廓如图7-82所示。

②扫掠得到相机主体，如图7-83所示。

③选择相机的侧面轮廓线，生成曲面圆管，如

图7-84所示。

④以上一步生成的曲面圆管对曲面进行修剪，如图7-85、图7-86所示。

⑤选择相机的侧面轮廓线，生成曲面圆管，并

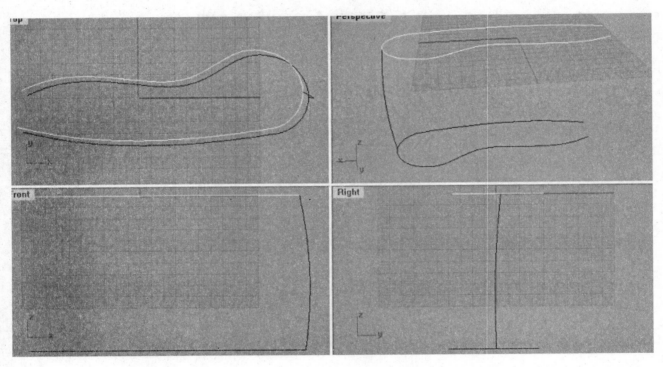

图7-82

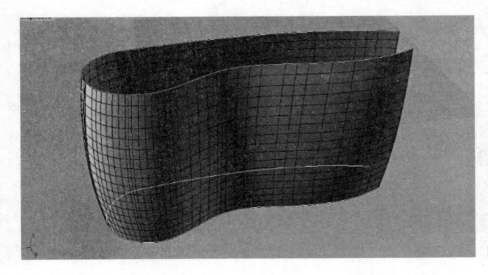

图7-83

以该曲面圆管对曲面进行修剪，重新进行边缘混接，如图7-87至图7-91所示。

⑥在适当位置拉伸出一个圆，选择边缘两条轮廓线进行曲面混接，如图7-92、图7-93所示。

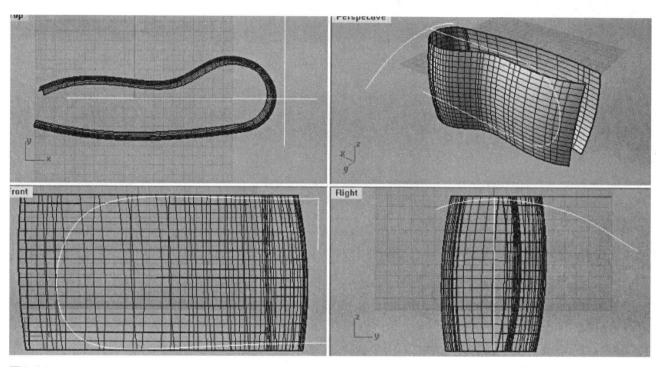

图7-84

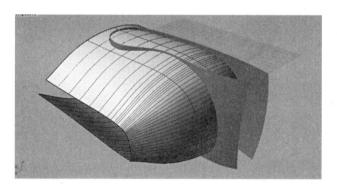

图7-85

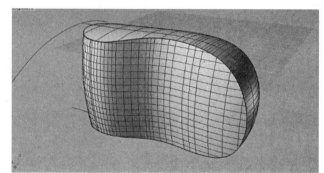

图7-86

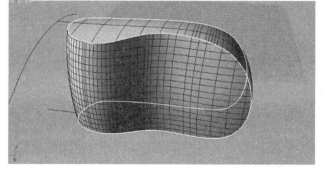

图7-87

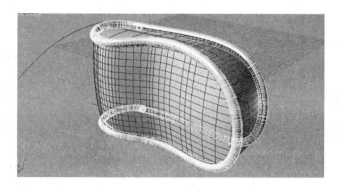

图7-88

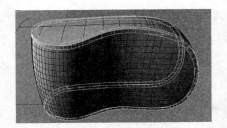
图7-89

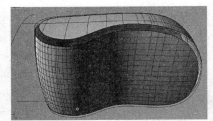
图7-90

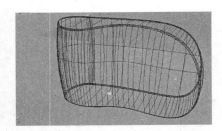
图7-91

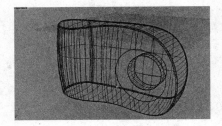
图7-92

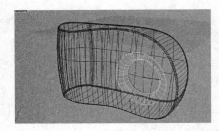
图7-93

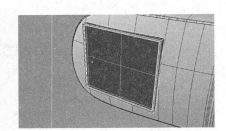
图7-94

⑦在背面做出相机的视窗口，如图7-94所示。

⑧在相机上部绘制两个椭球体，大椭球体与相机实体进行布尔减，小实体做出开关按钮，如图7-95至图7-98所示。

⑨至此，获得一个基础的相机造型，如图7-99、图7-100所示。渲染效果如彩图38所示。

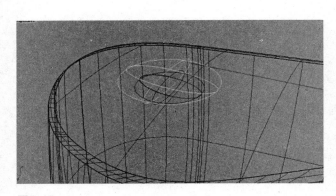
图7-95

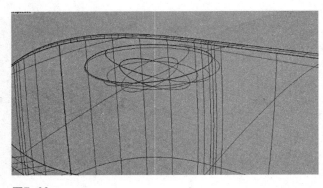
图7-96

图7-97

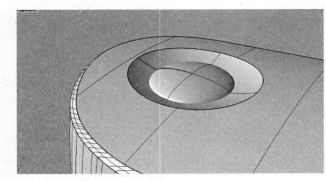
图7-98

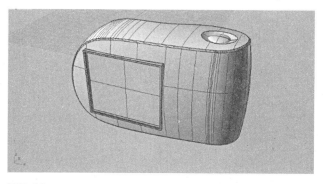

图7-99

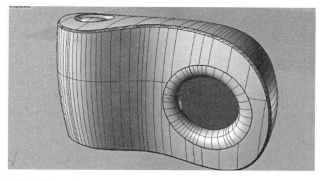

图7-100

》 拓展六：扫码器建模

操作步骤：

①绘制一个椭球体，适当偏移做出里外两个椭球面，如图7-101所示。

②在适当的位置绘制曲线，将两条曲线进行放样，得到一个新的曲面，如图7-102所示。

③以放样得到的曲面对椭球进行切除。选中曲面和曲线的交线适当调整，向内侧偏移，拉伸出一个新的曲面，如图7-103所示。

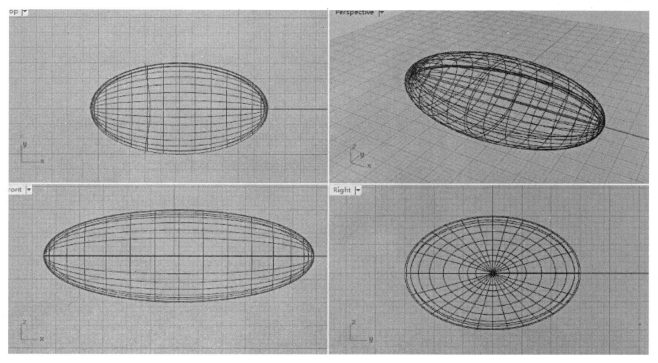

图7-101

④绘制曲线如图7-104所示，将成形的曲面进行适当的修剪。

⑤将曲面边缘混接，做出光滑的边缘轮廓造型，如图7-105所示。

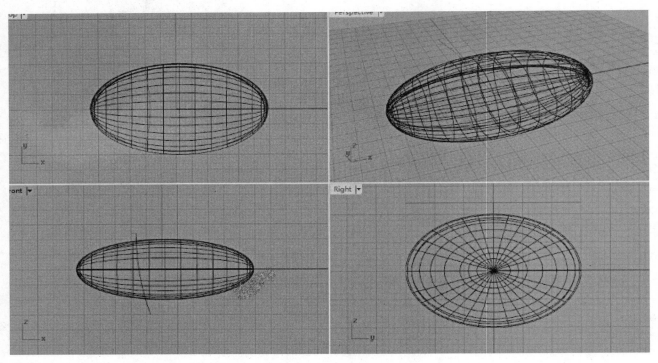

图7-102

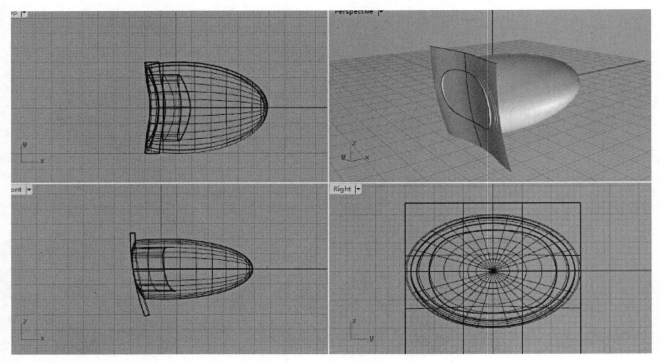

图7-103

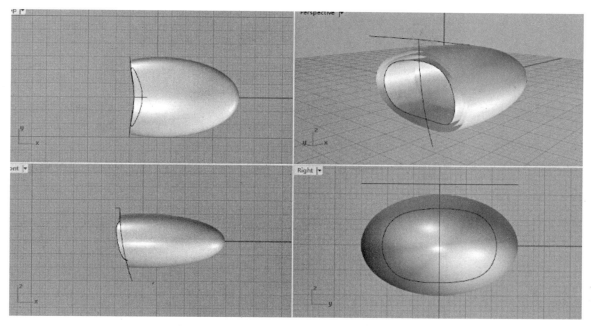

图7-104

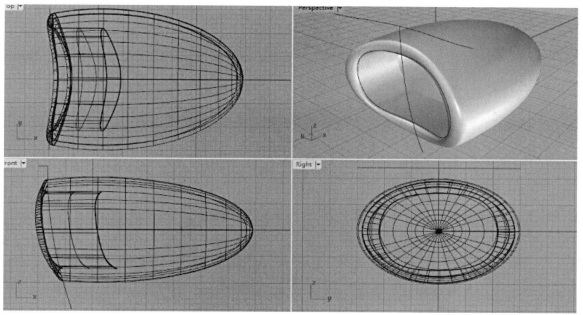

图7-105

⑥在Front视窗中绘制曲线，如图7-106所示。

⑦将曲线投影至曲面如图7-107所示。绘制两条曲线如图7-108所示，在边缘处进行扫掠，上下截面做同样的处理。

⑧剔除不需要的曲面，倒圆角，如图7-109所示。至此，一个基本的扫码器主体建模完成。

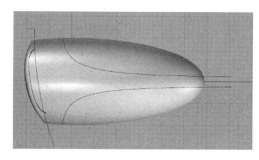

图7-106

⑨绘制扫码器手柄基本轮廓如图7-110所示。

⑩绘制一条对称曲线，调整控制点，向扫码器投影。将不需要的面剔除。放样做出手柄，如图7-111所示。

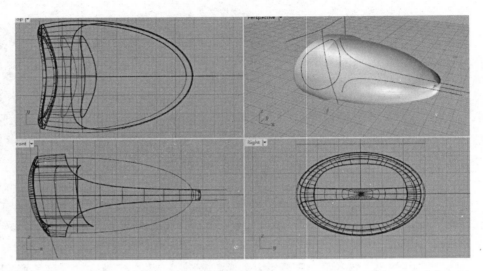

图7-107

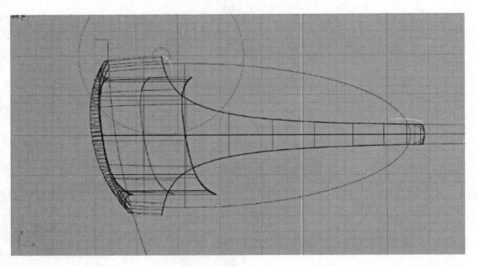

图7-108

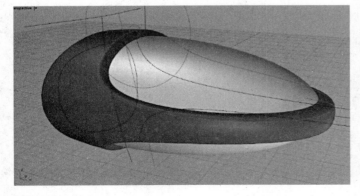

图7-109

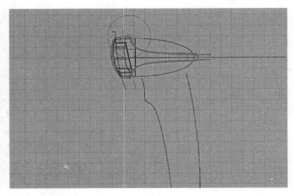

图7-110

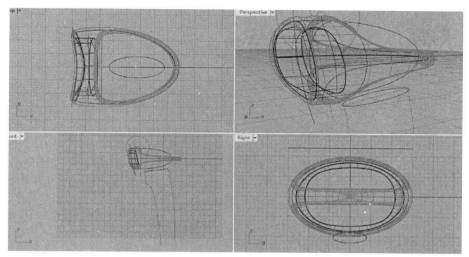

图7-111

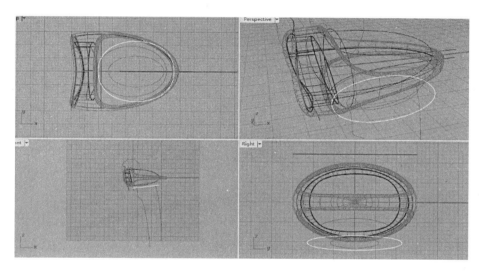

图7-112

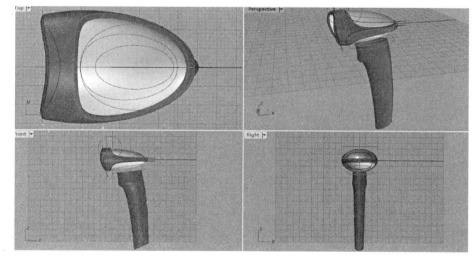

图7-113

⑪将手柄与扫码器主体部分进行混接，如图7-112至图7-114所示。

⑫在适当位置做扫码器的挡片，如图7-115所示。

⑬在Front视窗绘制一条曲线，分离出按钮部分，如图7-116所示。

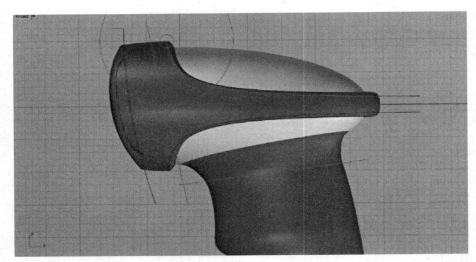

图7-114

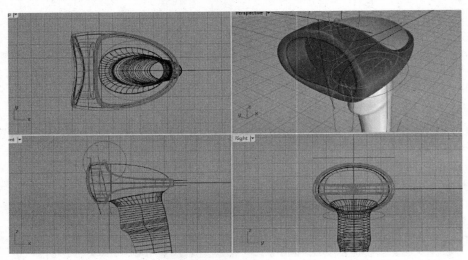

图7-115

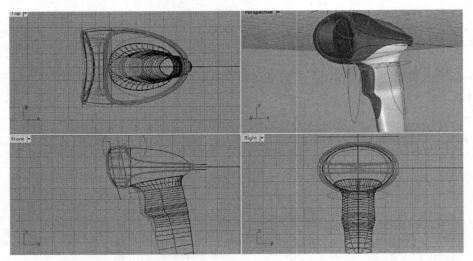

图7-116

⑭根据功能需要，做出底部外观结构。读者根据组图7-117至图7-127自行分析并理解，不再一一赘述。

⑮至此，扫码器造型基本完成，如图7-128所示。渲染图如彩图33所示。

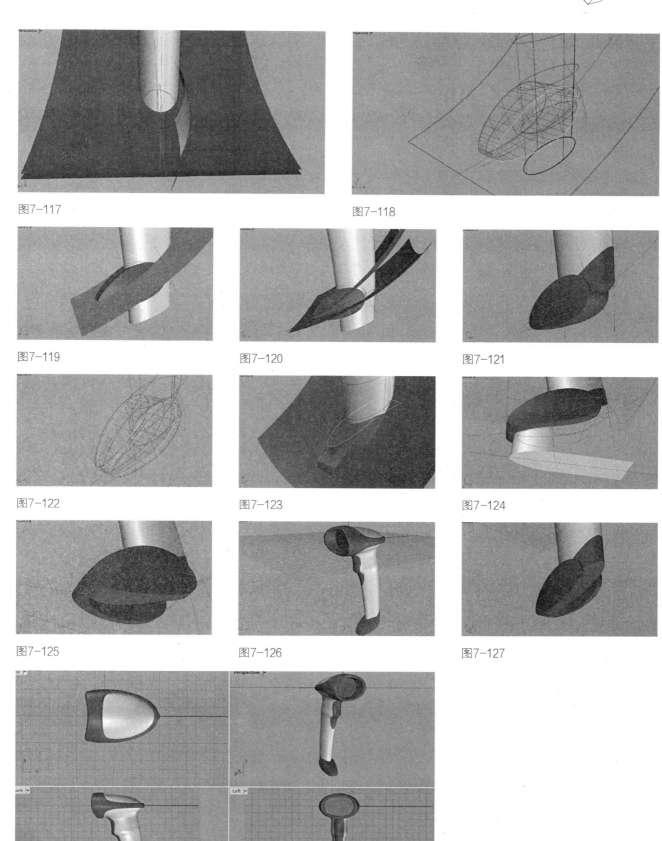

图7-117

图7-118

图7-119

图7-120

图7-121

图7-122

图7-123

图7-124

图7-125

图7-126

图7-127

图7-128

》 拓展七：水勺设计与建模

操作步骤：

①绘制曲线如图7-129所示。

②扫掠得到水勺主体曲面，如图7-130所示，在Front视窗中绘制一条曲线如图7-131所示。

③绘制扫掠截面，如图7-132所示，并在关键位置绘制曲线如图7-133所示，做出手柄的曲面。

④手柄的端部有尖角，绘制两个圆，对轮廓曲线进行修剪，再重新混接，可调整手柄端部的形状如图7-134所示。

⑤水勺底部加盖，如图7-135所示。

⑥用先前绘制的曲线切除部分的水勺主体和手柄，重新将两部分的曲面混接起来，获得一个造型，如图7-136、图7-137所示。

⑦简单渲染得到图7-138和彩图11所示效果。

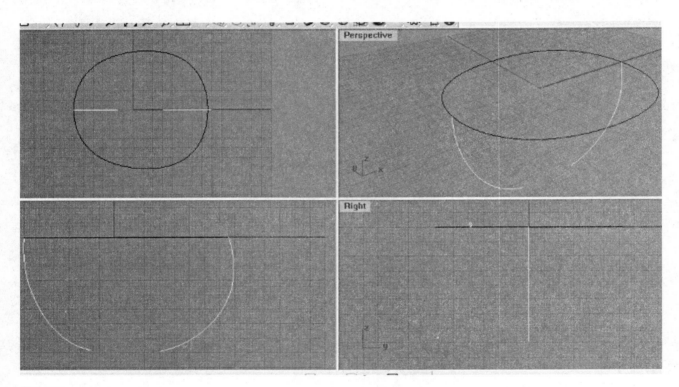

图7-129

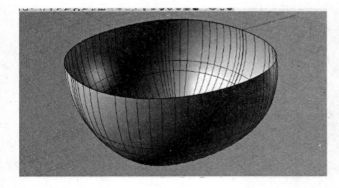

图7-130

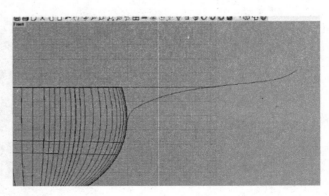

图7-131

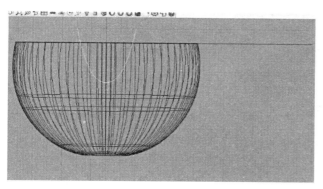

图7-132

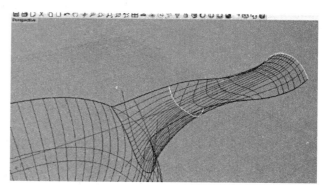

图7-133

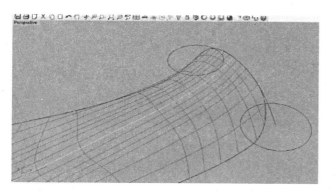

图7-134

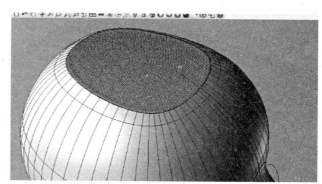

图7-135

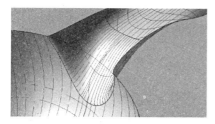

图7-136

图7-137

图7-138

>> 拓展八：便携音箱建模

说明：

这是一个以球体为基本形态演绎出的一个造型，通过变形、切割、组合完成整个设计。

操作步骤：

①作一个球体，切掉下半个，如图7-139所示。

②画一条直线并对称，如图7-140所示，将球体分离为三部分，将这三部分分别封闭使之成为实体，如图7-141所示。

③将两侧部分分别单向压缩，将中间的实体复制一个并隐藏，待用，如图7-142所示。

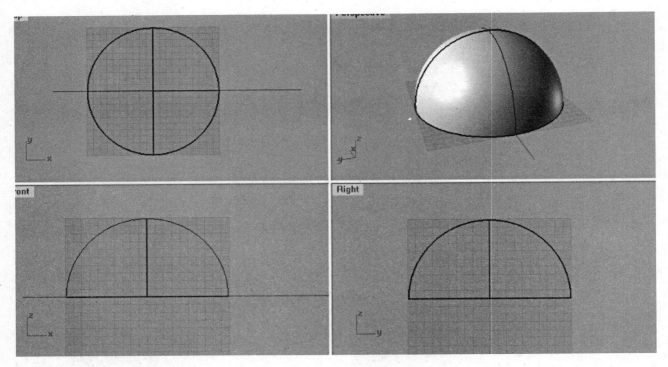

图7-139

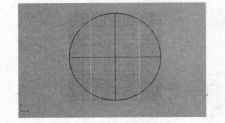

图7-140

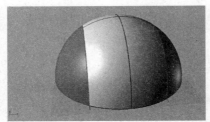

图7-141

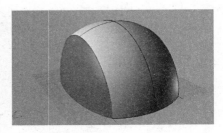

图7-142

④以球心为中心，做一个圆柱，如图7-143所示，将之前生成的三个实体布尔减，如图7-144所示。

⑤作另一个半圆和几条直线构成封闭曲线，拉伸为实体，如图7-145所示。

⑥与之前的实体布尔减，如图7-146、图7-147所示。

⑦提取实体表面的两条弧线偏距一点距离用直线封闭，拉伸出一个柱体，如图7-148、图7-149所示。

⑧将之与之前生成的实体布尔减，如图7-150、图7-151所示。

⑨显示隐藏的球体进行适当的切割并倒圆角如图7-152所示，一个造型的基本形状完成。渲染效果如彩图25所示。

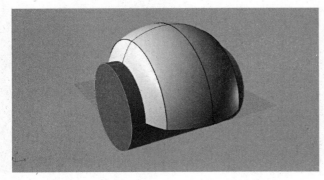

图7-143

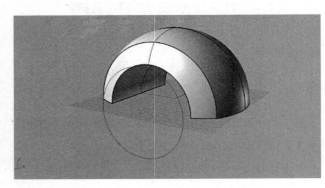

图7-144

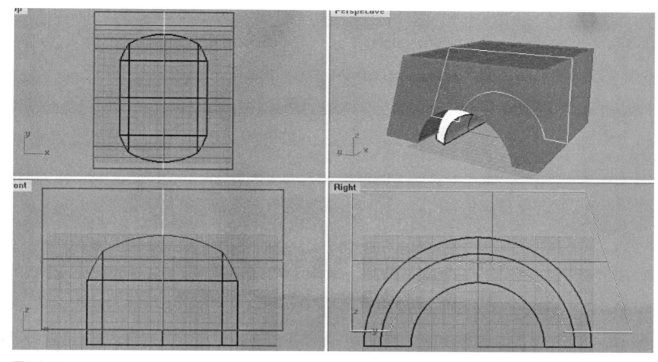

图7-145

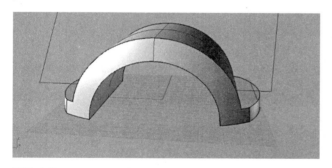

图7-146

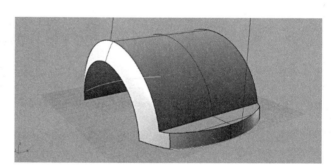

图7-147

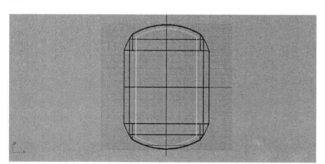

图7-148

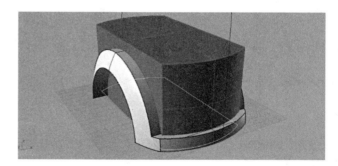

图7-149

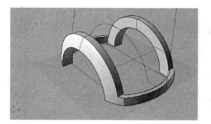

图7-150

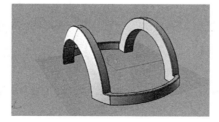

图7-151

图7-152

》 拓展九：丝瓜采摘器设计与建模

说明：

这是一个创意产品设计，主要思路是采用美工刀片将丝瓜从藤上剪断并让丝瓜掉入下方的框中，框可以与塑料袋连接，完成高空采摘丝瓜的过程，该产品还可以采摘其他类似的瓜果等。

操作步骤：

①设计一个筒形作为主体，上侧开一个方口，如图7-153所示。

②圆筒外沿设计一个夹美工刀片的夹具，可以

沿圆筒作定角度旋转，如图7-154所示。

③旋转采用可以绕圆筒轴心旋转的摆动拉杆组成，如图7-155所示。

④摆动拉杆的复位采用置于圆筒内的扭簧达到复位目的，如图7-156至图7-158所示。

⑤刀片夹的一侧设置导轨，另一侧设置限位挡块。切挖掉筒体下面部分以利于丝瓜藤进入刀口，如图7-159至图7-161所示。

⑥设置摘瓜器的柄部，如图7-162至图7-164所示。

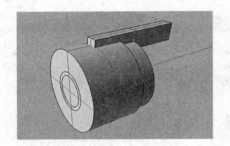

图7-153

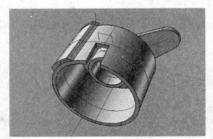

图7-154

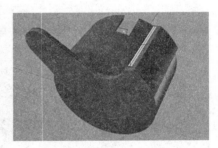

图7-155

图7-156

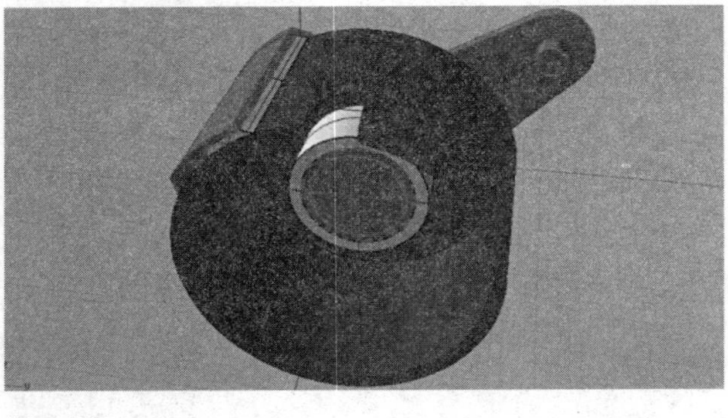

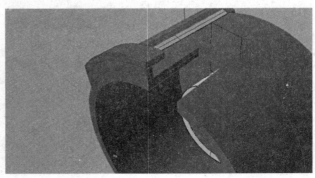

图7-157

图7-158

图7-159

图7-160

图7-161

图7-162

图7-163

图7-164

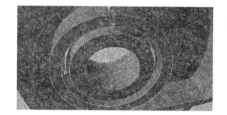

图7-165

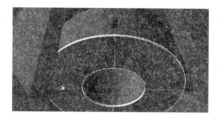

图7-166

图7-167

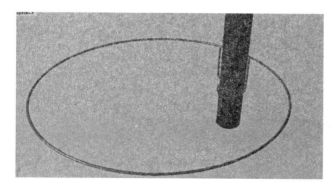

图7-168

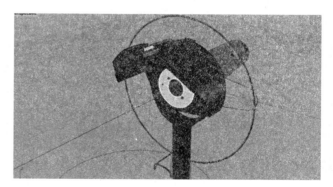

图7-169

⑦做出扭簧两端周向定位用的结构，设置扭簧轴向定位用的端盖，用两个自攻螺丝固定，如图7-165至图7-167所示。

⑧设计放置切落丝瓜的框，这个框可以转90°方便产品包装和收纳，如图7-168、图7-169所示。

⑨产品结构分解图，如图7-170所示。

⑩该产品可以按需要固定在各种长杆上，将软绳结于摆动拉杆上下拉动即可以控制切割刀片的转动实现把丝瓜藤切断，图7-171是产品的两个不同工位和收纳效果。渲染图如彩图41所示。

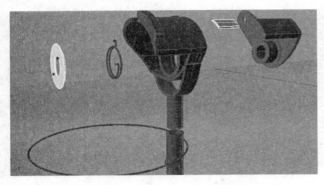

图7-170

图7-171

》 拓展十：电驱蚊器方案设计初步设计与建模

说明：

  此款电驱蚊器利用加热液体使药性挥发达到驱蚊目的，产品的主体是一组加热元器件，与220V电源接插，并与可更换的药瓶相连接，设计的主要部分是这三部分合理组合，完成安全、有效、美观的产品造型。

设计方案：

思路一："南瓜"型电驱蚊器

  语义是装卸药瓶时可以方便握住旋转，下部产生高低错落形成加热气体挥发时所需的进风口面积，上部中间的孔与加热环一致，是加热后气体挥发区域，如图7-172至图7-178所示。

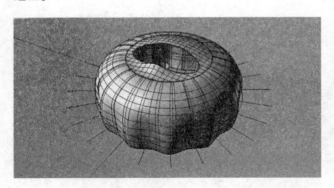

图7-172

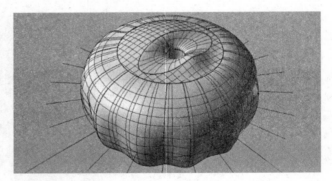

图7-173

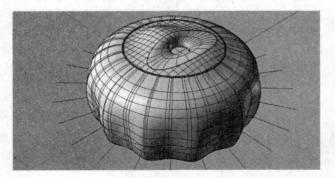

图7-174

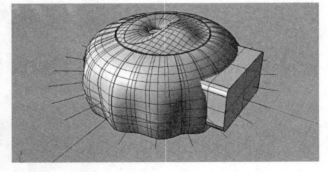

图7-175

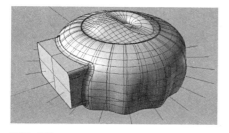

图7-176

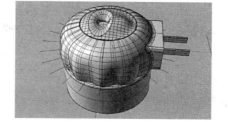

图7-177

图7-178

其他不同设计方案：

方案一（图7-179至图7-182）。

方案二（图7-183、图7-184）。

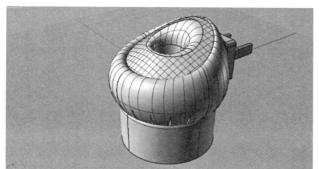

图7-179

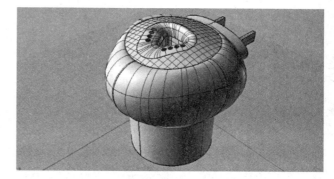

图7-180

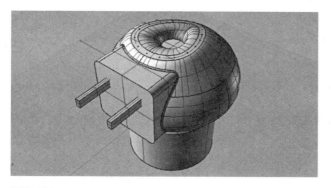

图7-181

图7-182

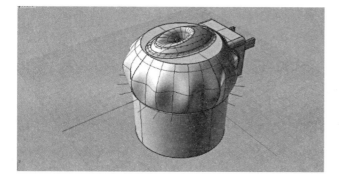

图7-183

图7-184

方案三（图7-185、图7-186）。

思路二：药片型电驱蚊器方案设计

该电驱蚊器需每次更换的药片与加热瓷片贴合可靠不滑落，瓷片不可误触及，一般置于地面或台面，因此采用电线连接电源，带开关，基本设计步骤如图

7-187至图7-190所示。

在满足产品功能的前提下可以借助Rhino软件快速表现出不同的设计创意，在此罗列部分初步设计方案供参考。

方案一（图7-191、图7-192）。

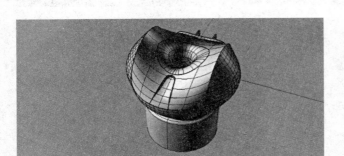

图7-185

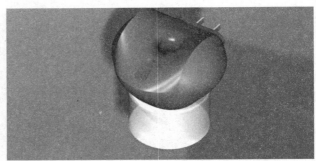

图7-186

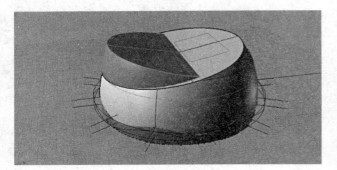

图7-187

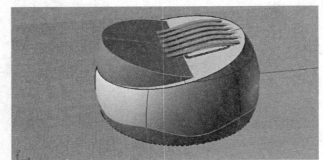

图7-188

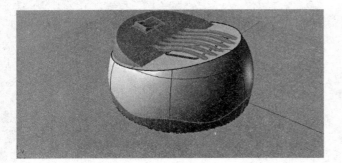

图7-189

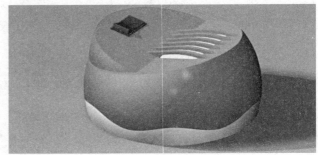

图7-190

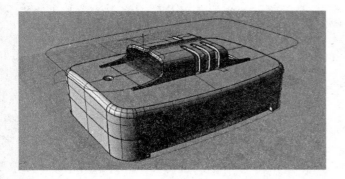

图7-191

图7-192

方案二（图7-193、图7-194）。　　　　方案四（图7-197、图7-198）。

方案三（图7-195、图7-196）。　　　　方案五（图7-199、图7-200）。

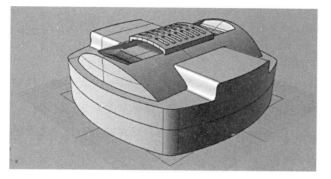

图7-193

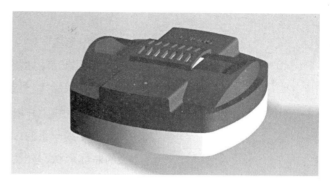

图7-194

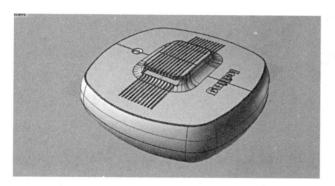

图7-195

图7-196

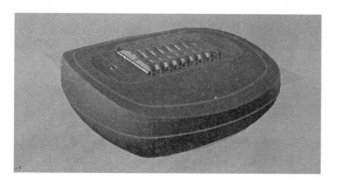

图7-197

图7-198

图7-199

图7-200

》 拓展十一：花洒造型建模

操作步骤：

①绘制球体如图7-201所示。

②对球体进行缩放（适当压扁），如图7-202所示。在球的中心偏下位置绘制一条直线，并以此直线为界，对球体进行切除，结果如图7-203所示。

③绘制一条曲线，对该曲线进行适当调整，如图7-204所示，扫掠出花洒头的曲面形状，如图7-205所示。

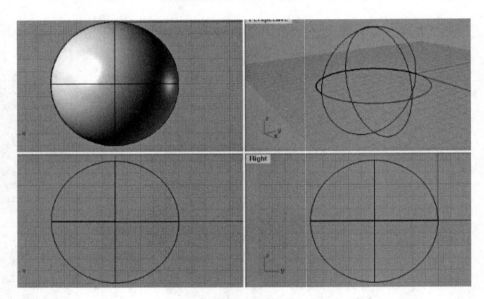

图7-201

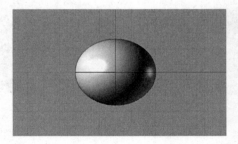

图7-202

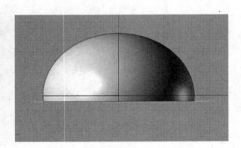

图7-203

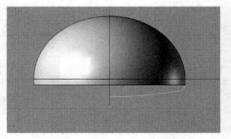

图7-204

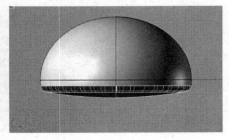

图7-205

④在适当位置绘制两条曲线，如图7-206所示。将这两条直线与花洒头求交，得到如图7-207所示交点。通过这两点绘制曲线如图7-208所示，适当调整该曲线并投影至曲面上，如图7-209、图7-210所示。以此为边界，对花洒头进行修剪，预留出花洒手柄连接处的位置，如图7-211所示。

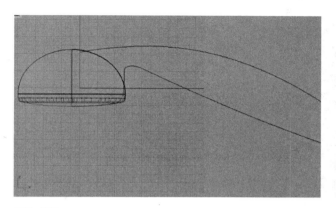

图7-206

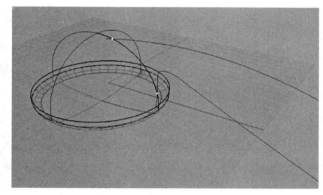

图7-207

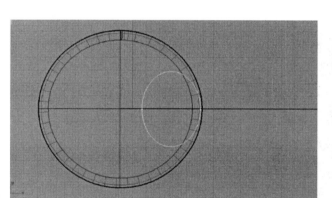

图7-208

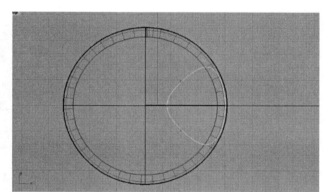

图7-209

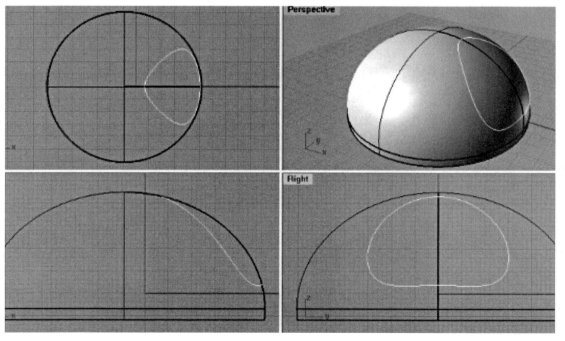

图7-210

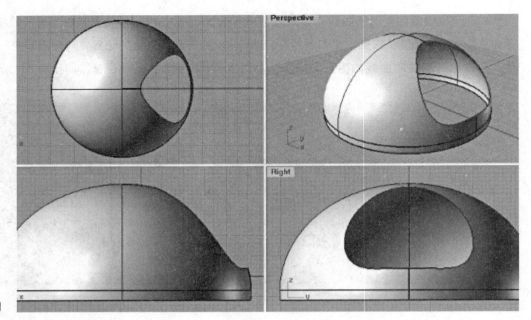

图7-211

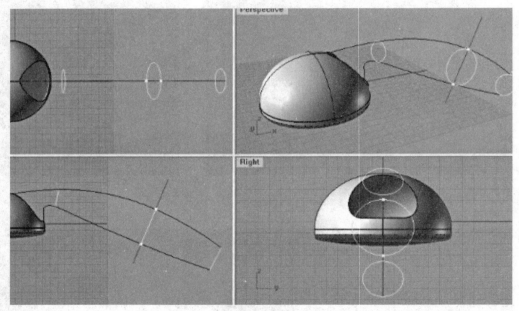

图7-212

⑤在合适位置绘制断面曲线，放样出花洒的手柄，如图7-212所示。

⑥为使造型更优美，可对关键线进行重建，如图7-213所示。

⑦为保证花洒头与手柄的光滑连接，在手柄衔接部分做出圆管，如图7-214所示，并用该圆管部分对花洒头部进行修剪，如图7-215所示，切除不需要的部分，重新进行混接，结果如图7-216、图7-217所示。

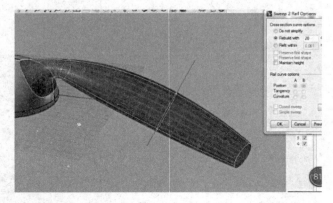

图7-213

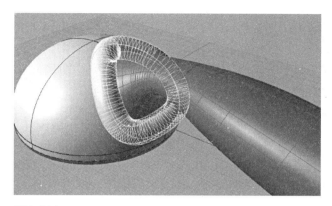

图7-214

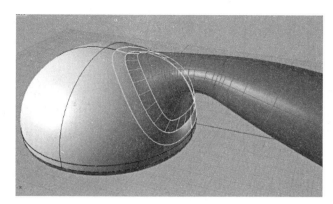

图7-215

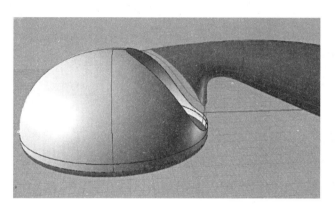

图7-216

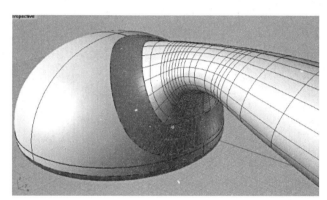

图7-217

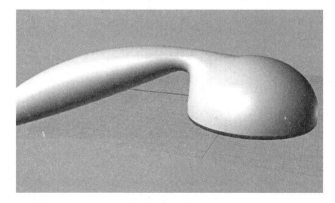

图7-218

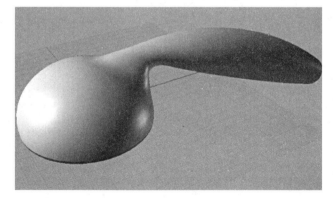

图7-219

⑧至此，一个基本的花洒雏形完成，如图7-218、图7-219所示。

⑨在花洒头的中心位置绘制图形如图7-220所示，实体拉伸，结果如图7-221所示。将花洒头加盖补成实体，如图7-222、图7-223所示，与拉伸出的柱体布尔减，做出花洒的出水孔，如图7-224、图7-225所示。

⑩对花洒头细节做处理，如图7-226、图7-227所示。

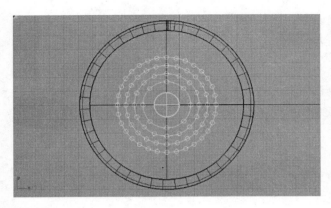

图7-220

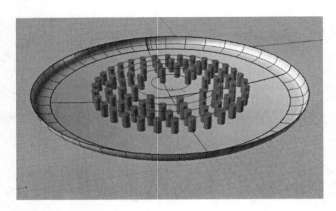

图7-221

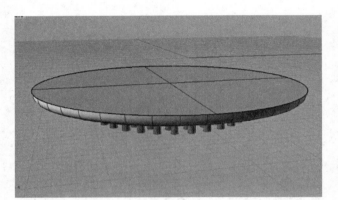

图7-222

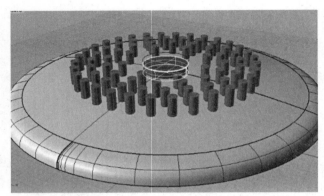

图7-223

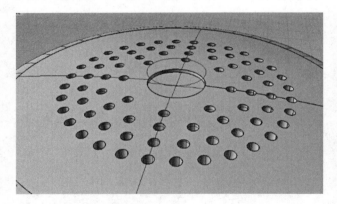

图7-224

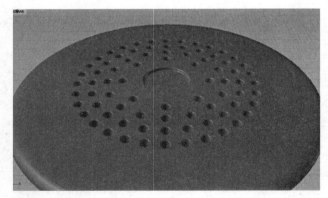

图7-225

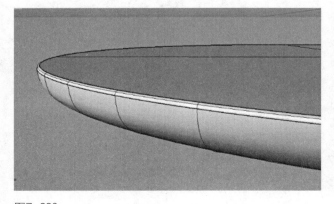

图7-226

图7-227

⑪在手柄适当位置绘制曲线，如图7-228所示，并调整至图7-229的形状。同理，在右侧添加一条曲线，并调整成图7-230所示形状，做出图7-231所示的凹槽。

⑫为达到渐消效果，显示曲面控制点如图7-232所示，将左侧曲线向内适当调整，使用缩回命令并将左侧几排控制点依次向下调整到适当位置，重新混接成面，并进行圆角处理，如图7-233至图7-239所示，最终结果如图7-240所示。

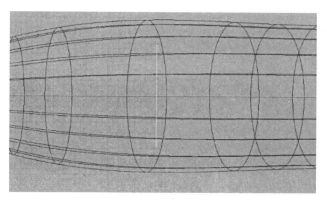

图7-228

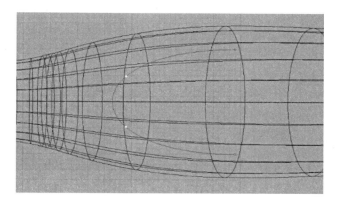

图7-229

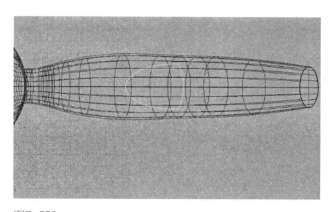

图7-230

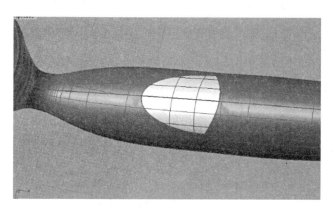

图7-231

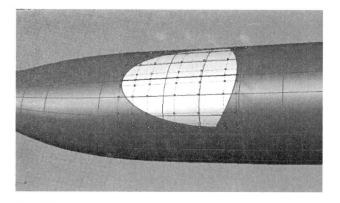

图7-232

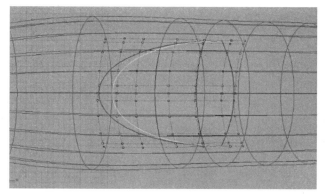

图7-233

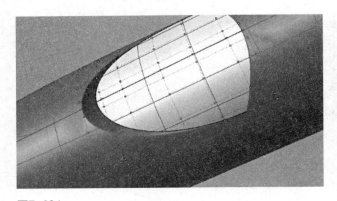

图7-234

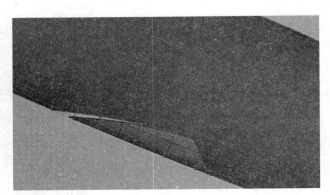

图7-235

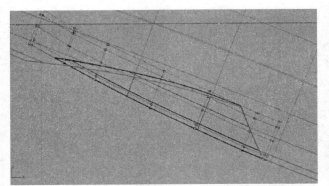

图7-236

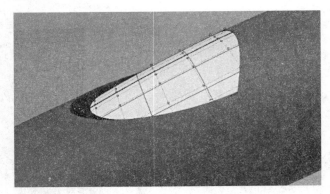

图7-237

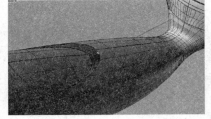

图7-238

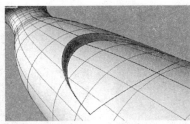

图7-239

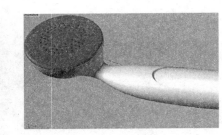

图7-240

⑬在手柄另一处的连接口做出连接凸台,如图7-241至图7-244所示。

⑭以接口处的圆柱口绘制螺旋线,如图7-245、图7-246所示,在适当位置位置一个三角形,如图7-247所示,以该三角形为截面,单轨扫掠出连接处的螺纹,如图7-248所示。

⑮至此,一个简易的花洒完成,结果如图7-249、图7-250所示。渲染效果如彩图17所示。

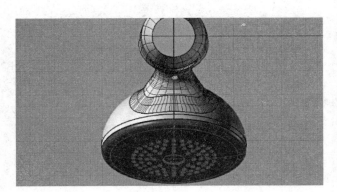

图7-241

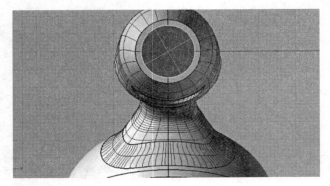

图7-242

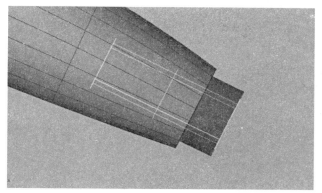

图7-243

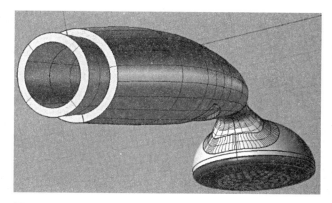

图7-244

图7-245

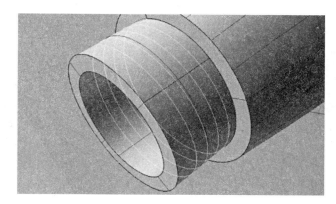

图7-246

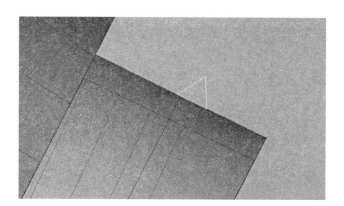

图7-247

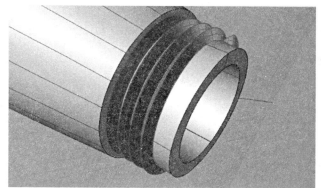

图7-248

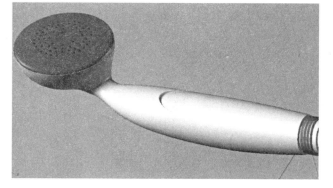

图7-249

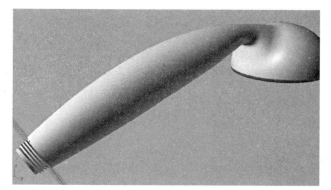

图7-250